Folgende Rote Hefte

1 Friedrich Kaufhold †
Verbrennen und Löschen
15. Auflage, DM 9,80

2 Heinz Bartels
Ausbilden im Feuerwehrdienst
13. Auflage, DM 8,–

3a Ferdinand Tretzel
Leinen, Seile, Hebezeuge
Teil I: Stiche, Knoten u. Bunde
13. Auflage, DM 12,–

3b Heinrich Reuter
Leinen, Seile, Hebezeuge
Teil II: Ziehen und Heben
12. Auflage, DM 10,80

4 Lutz Rieck
Die Tragkraftspritze
mit Volkswagen
Industriemotor
14. Auflage, DM 10,80

6 Lutz Rieck
Feuerlöscharmaturen
10. Auflage, DM 13,80

7 Franz Anton Schneider
Löschwasserförderung
mit Ablesetafel
für Pumpenabstände
bei Reihenschaltung
13. Auflage, DM 9,80

8a Josef Schütz
überarbeitet von
Dieter Schütz
Feuerwehrfahrzeuge Teil I
Typenbezeichnung, Kurzzeichen
und allgemeine Anforderungen
an Fahrgestell, Aufbau, lösch-
technische Einrichtungen und
maschinelle Zugeinrichtungen
10. Auflage, DM 15,80

8b Josef Schütz
überarbeitet von
Dieter Schütz
Feuerwehrfahrzeuge Teil II
Beschreibung der Hubrettungs-
fahrzeuge, Rüst-, Rettungs-
und Krankentransportwagen
10. Auflage, DM 14,80

9 Hermann v. d. Bussche-
Haddenhausen †
Friedrich Kaufhold †
Brandstellenpraxis
6. Auflage, DM 9,80

10 Hermann Schröder
Einsatztaktik für den
Gruppenführer
12. Auflage, DM 11,–

11 Kurt Klösters
Feuerwehrgeräte
Sicherheit durch Wartung
3. Auflage, DM 17,–

12 Kurt Klösters
Kraftspritzen –
Sicherheit durch Wartung
1. Auflage, DM 14,–

13 Johann Schwarzenbacher
Baukunde für den Feuerwehrmann
6. Auflage, DM 9,80

14 Peter Symanowski
Feuerlöscher im vorbeugenden Brandschutz
9. Auflage, DM 10,80

15 Kurt Klingsohr
Atemschutz
11. Auflage, DM 11,80

17 Jürgen Kallenbach
Arbeitsschutz und Unfallverhütung bei den Feuerwehren
7. Auflage, DM 13,80

18 Ferdinand Tretzel
Formeln und Tabellen für die Feuerwehr
6. Auflage, DM 17,80

19 Eckbert Zylmann
Erste Hilfe im Feuerwehrdienst
8. Auflage, DM 9,80

20 Helmut Farrenkopf
Dieter Farrenkopf
Strahlenschutz der Feuerwehr
6. Auflage, DM 12,–

22 Werner Beckmann
Brände in elektrischen Anlagen
6. Auflage in Vorbereitung

24 Bernhard Hentschel
Richard Marquardt †
Herbert Rust
Feuerwehr-Einsatzübungen
7. Auflage, DM 10,80

25 Dieter Karlsch
Walter Jonas
Vorbeugender Brandschutz
4. Auflage, DM 10,–

26 Ehrenfried Liebeneier
Bekämpfung von Waldbränden, Moorbränden, Heidebränden
3. Auflage, DM 7,50

27a Lutz Rieck
Die Löschwasserversorgung Teil I: Die Sammelwasserversorgung
3. Auflage, DM 12,80

27b Ludwig Timmer
Die Löschwasserversorgung Teil II: Die unabhängige Löschwasserversorgung
3. Auflage, DM 9,80

28 Karl-Heinz Knorr
Die Gefahren der Einsatzstelle
5. Auflage, DM 17,80

29 Karl Huber
Brandschau
3. Auflage, DM 12,80

30 Fritz Kluge
Brandobjekte und Brandursachen
2. Auflage, DM 8,–

31 Kurt Klingsohr
Fachrechnen für den Feuerwehrmann
4. Auflage, DM 10,80

32 Hermann Dembeck
Gefahren beim Umgang mit Chemikalien
4. Auflage in Vorbereitung

33 Georg Zimmermann
Mechanik für die Feuerwehrpraxis
5. Auflage, DM 16,80

35 Alfons Rempe
Ortsfeste Feuerlöschanlagen
2. Auflage, DM 10,50

Fortsetzung auf Seite III am Schluß des Textes

Wenn auch für Forschung, Wissenschaft und Lehre sowie für das Fachschrifttum diese Regelung nicht verbindlich ist, wird es dennoch notwendig sich mit den Festlegungen dieses Gesetzes vertraut zu machen, da in jedem Angebot (geschäftlicher Verkehr) in jeder Fahrzeugbeschreibung und in jeder amtlichen Festlegung oder Veröffentlichung (z. B. amtlich eingeführte DIN-Normen als anerkannte Regeln der Technik) diese SI-Einheiten verwendet werden.

Das SI-Einheitensystem unterschiedet **Basiseinheiten** und **abgeleitete Einheiten.**

Basiseinheiten	Einheitenzeichen	Basisgröße
Meter	m	Länge
Kilogramm	kg	Masse
Sekunde	s	Zeit
Ampere	A	Elektrische Stromstärke
Kelvin	K	Thermodynam. Temp.
Mol	mol	Stoffmenge
Candela	cd	Lichtstärke

Abgeleitete SI-Einheiten aus Basiseinheiten (Beispiele)

$1\ \mathrm{m} \cdot 1\ \mathrm{m} = 1\ \mathrm{m}^2$ $\quad 1\ \mathrm{kg} \cdot 1\ \frac{\mathrm{m}}{\mathrm{s}^2} = 1\ \frac{\mathrm{kgm}}{\mathrm{s}^2}$

$1\ \mathrm{m} \cdot \frac{1}{\mathrm{s}} = 1\ \frac{\mathrm{m}}{\mathrm{s}}$

mit besonderen Namen und Einheitenzeichen (Beispiele)

Newton $1\ \mathrm{N} = 1\ \frac{\mathrm{kgm}}{\mathrm{s}^2}$ $\quad$ Pascal $1\ \mathrm{Pa} = 1\ \frac{\mathrm{N}}{\mathrm{m}^2}$

Joule $1\ \mathrm{J} = \mathrm{Nm} = 1\ \mathrm{Ws}$

1. Messen — Maßsysteme

Der Physiker beobachtet Naturvorgänge, legt die Ergebnisse seiner Beobachtungen nieder und möchte sie mit den Ergebnissen anderer Beobachtungen vergleichen.
Um jedoch Erfahrungstatsachen vergleichen zu können, benötigt er Vergleichsmöglichkeiten; Voraussetzung für Vergleiche sind exakte Meßmethoden und einheitliche Maßsysteme.
Alte Maße, wie Elle, Fuß usw. genügten bald nicht mehr den Anforderungen der Physik, sie waren zwar überall vorhanden jedoch nie einheitlich.
Erst die Einführung des **metrischen Systems** zur Zeit der französischen Revolution (1789) gab die Möglichkeit, Längen, Flächen, Körper, Gewichte eindeutig zu vergleichen.
Man wird sich zwar fragen, wieso dann die Physiker des Altertums all ihre Beobachtungen so exakt erfassen konnten. Der Grund ist darin zu suchen, daß diese Wissenschaftler ihre Versuche mit eigenen Maßsystemen ausführten und die Ergebnisse dann in allgemeine Formeln kleideten.
Eines der wichtigsten Maße der Mechanik ist das **Längenmaß.** Als Längenmaß wurde willkürlich die allgemein vorstellbare Länge eines Schrittes gewählt, dieser Schritt dann bezogen auf einen genau definierten Teil eines Erdquadranten (Erdquadrant = $^1/_4$ des Erdumfanges) und als **1 Meter** bezeichnet.

$$1\ \text{m} = \frac{1}{10\,000\,000} \text{ eines Erdquadranten}$$

oder

$$1\ \text{m} = \frac{1}{40\,000\,000} \text{ des Erdumfanges.}$$

Den immer größer werdenden Anforderungen an die Maßgenauigkeit genügte diese Definition in der Neuzeit nicht mehr. Die neueste Definition ist durch ein Vielfaches der Wellenlänge vom ausgesendeten Licht eines bestimmten glühenden Stoffes gegeben.
Alle anderen Längenmaße lassen sich von diesem **Meter** ableiten.

Jede physikalische Größe wird eindeutig beschrieben durch
Maßzahl und Einheit.
Im Falle des Längenmaßstabes also 1 als Maßzahl und (m) als Einheit

genaue Bezeichnung 1 m.

Mit Hilfe des Zehner- oder Dezimalsystems können größere oder kleinere Einheiten geschrieben werden. Dabei finden vielfach Vorsilben Verwendung, die die einzelnen Multiplikationsfaktoren bezeichnen.

Deka	D	10	10^1 -fach		
Hekto	h	100	10^2	Hektoliter	hl
Kilo	k	1 000	10^3	Kilometer	km
Mega	M	1 000 000	10^6	Meganewton	MN
Giga	G	1 000 000 000	10^9		
Tera	T	1 000 000 000 000	10^{12}		

Dezi	d	1:10	10^{-1}		
Zenti	c	1:100	10^{-2}		
Milli	m	1:1 000	10^{-3}	Milliliter	ml
Mikro	µ	1:1 000 000	10^{-6}	Mikrometer	µm
Nano	n	1:1 000 000 000	10^{-9}		
Pico	p	1:1 000 000 000 000	10^{-12}		

Längenmessung

Längeneinheit: 1 m

Die Umrechnung von m auf dm, von dm auf cm usw. erfolgt jeweils durch die Multiplikation mit 10.

1 m = 10 dm
1 dm = 10 cm
1 cm = 10 mm

Es sind noch folgende Längenmaße gebräuchlich:
1 km = 1000 m; 1 μm = $\frac{1}{1000}$ mm.

Flächenmessung

Flächeneinheit
1 m × 1 m = 1 m^2

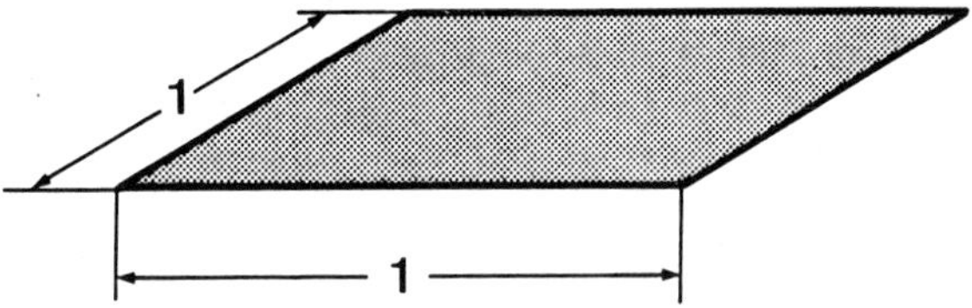

Die Umrechnung von m^2 auf dm^2, von dm^2 auf cm^2 usw. erfolgt jeweils durch die Multiplikation mit 100.

1 m^2 = 100 dm^2
1 dm^2 = 100 cm^2
1 cm^2 = 100 mm^2

Es sind noch folgende Flächenmaße gebräuchlich:

100 m^2	=			1 Ar (a)
100 a	=	10 000 m^2	=	1 Hektar (ha)
100 ha	=	1 000 000 m^2	=	1 Quadratkilometer (km^2).

Raummessung

Raumeinheit: $1\,m \times 1\,m \times 1\,m = 1\,m^3$

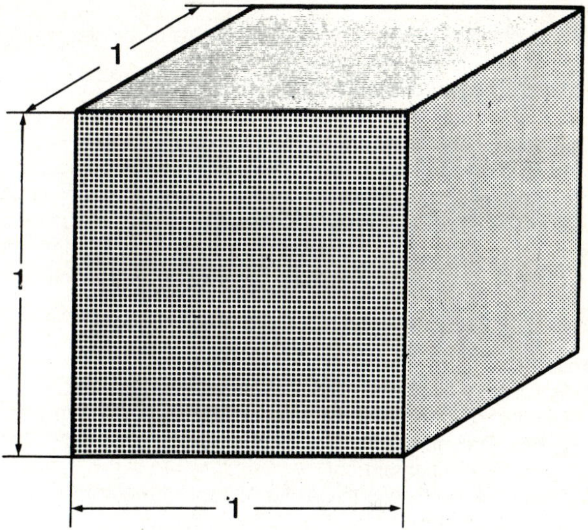

Die Umrechnung von m^3 auf dm^3, von dm^3 auf cm^3 usw. erfolgt jeweils durch die Multiplikation mit 1000.

1 m^3	=	1 000	dm^3
1 dm^3	=	1 000	cm^3
1 cm^3	=	1 000	mm^3

Es ist noch folgendes Raummaß gebräuchlich: 1 Liter = 1 l = 1000 cm^3 = 1 dm^3.

Masse und (Gewichts)-Kraft

Im täglichen Leben wurden bisher die Begriffe Masse und Kraft scheinbar für die Bezeichnung **einer** Eigenschaft verwendet.
Erst durch die Einführung des Newton als (Gewichts)-Kraft-Einheit erfolgt hier eine scharfe Trennung.
Physikalisch war diese Trennung ja schon immer vorhanden. Ein Körper besteht aus einer bestimmten Stoffmenge und drückt mit einer bestimmten Gewichtskraft auf seine Unterlage. Die Gewichtskraft, also der Druck auf die Unterlage, wird durch die Erdanziehung bestimmt. Daraus ergibt sich zwangsläufig eine Änderung der Gewichtskraft bei einer Änderung der Erdanziehung. Da die Erdanziehung mit der Entfernung von der Erde abnimmt, nimmt bei **gleichbleibender Stoffmenge** die Gewichtskraft ab.

- **Masse**

  Die **Masse** ist verhältnisgleich der Stoffmenge.
  Die Einheit der Masse ist das **Kilogramm** (kg); definiert ist dieses Maß als die Menge, die der Menge von 1 dm^3 Wasser bei +4° C entspricht.
  Einheiten des Gewichts bei der Angabe von Warenmengen auch Fahrzeugladungen sind Massenangaben!

- **Gewichtskraft**

  Die Gewichtskraft ist als Sonderfall der Kraftwirkung das Produkt aus der Masse m eines Körpers und der örtlichen Fallbeschleunigung g.
  Gewichtskraft $F_G = m \cdot g$.

Dichte

Vergleicht man verschiedene Stoffe hinsichtlich ihres Volumens und ihrer Masse miteinander, so stellt man fest, daß gleicher Rauminhalt verschiedene Masse, gleiche Masse verschiedenen Rauminhalt ergibt. Zum Vergleich braucht man also von jedem Stoff ein bestimmtes Volumen (cm^3, dm^3, m^3), und bezeichnet das Verhältnis Masse zu Rauminhalt als **Dichte.**

$$\text{Dichte } (\varrho\,[\text{rho}]) = \frac{\text{Masse}}{\text{Volumen}} \left(\frac{g}{cm^3}, \frac{kg}{dm^3}, \frac{t}{m^3}\right)$$

Dagegen wird bei der Berechnung von Kräften, die ihre Ursache in der Auswirkung von Massen haben (z. B. Druckkräfte von Flüssigkeiten) mit der Wichte gerechnet (s. auch S. 118)

Wichte γ = Dichte ϱ · Fallbeschleunigung g

$$\frac{N}{m^3} = \frac{kg}{m^3} \cdot \frac{m}{s^2}$$

Zeitmessung

Besonders bei Bewegungsvorgängen ist ein Maß für den zeitlichen Abstand zweier Ereignisse erforderlich.
Als Maßeinheit dient die Sekunde (s), sie stellt den 86400sten Teil eines mittleren Sonnentages dar.
Das ungerade Maß der 86 400 Teile stammt von der Einteilung des Tages in 24 Stunden ($86\,400 = 24 \times 60 \times 60$).

Kurzzeichen für verschiedene Einheiten

Für die einzelnen in der Physik auftretenden Größen werden bestimmte Kurzzeichen verwendet damit Formelgrößen möglichst kurz geschrieben werden können.
Nach den DIN-Vorschriften gelten

F (Force)	für Kraft	früher	P
P (Power)	für Leistung	früher	N
W (Work)	für Arbeit	früher	A
a (acceleration)	für Beschleunigung		b

2. Kräfte

2.1. Die Kraft

Im täglichen Leben spricht man in vielen Wortverbindungen von Kräften: „Druckkraft“; „Zugkraft“; “ ... mit voller Kraft gegen eine Mauer fahren“; „ ... sich mit aller Kraft gegen etwas stemmen“. Obwohl man sich unter einer Kraft etwas Bestimmtes vorstellt, kann man Kräfte nicht sehen, zu sehen ist nur beispielsweise die Verformung durch Druck, oder die Bewegung eines Gegenstandes durch Zug.

Kräfte kann man also nur an ihren Wirkungen erkennen

Ein Beispiel: Ein 10 t schwerer LKW steht auf festem Untergrund. Das Gewicht des Fahrzeuges ruft auf der festen Unterlage keinerlei Verformung hervor. Die Gewichtskraft des Fahrzeuges ist also nicht sichtbar.
Derselbe LKW steht auf einer Wiese und sinkt ein, man erkennt also die Wirkung der Gewichtskraft auf den Boden, auf welchem sie eine Formveränderung hervorruft.
Dieser eingesunkene LKW wird mit Hilfe einer Seilwinde herausgezogen. Solange sich das Fahrzeug nicht bewegt, ist keinerlei Wirkung des Seilzuges sichtbar, erst wenn sich das Fahrzeug in Bewegung gesetzt hat, wird die Wirkung der Kraft sichtbar.

Kräfte sind Ursache einer Form- oder Bewegungsänderung

Um Kräfte wirksam werden zu lassen, muß ein bestimmter Widerstand vorhanden sein, an dem die Kraft wirksam werden kann. Das frei auf dem Boden ausgelegte Seil einer Seilwinde kann beim Aufspulen keine Zugkraft ausüben solange der Lasthaken des Seiles nicht belastet wird.

Eine Kraft braucht also eine gleichgroße Gegenkraft oder

Zugkraft = Bewegungswiderstand

Aus dieser Behauptung läßt sich erkennen, daß eine Kraft gleich der Gegenkraft sein und in entgegengesetzter Richtung zu dieser wirken muß.
Ein Beispiel: 2 gleichschwere Fahrzeuge werden auf ebener Fahrbahn mit den Seilen der Winden verbunden (Verbindung der Seile in der Mitte zwischen den Fahrzeugen).

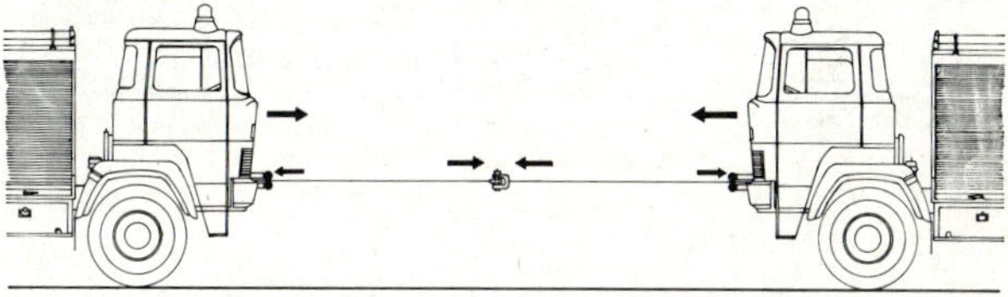

Nun ist es völlig gleichgültig, ob Fahrzeug 1, Fahrzeug 2 oder beide Fahrzeuge gleichzeitig ziehen, die Fahrzeuge treffen sich immer in der Mitte. Läßt man jedoch die Seilwinde eines Fahrzeuges ausgekuppelt, so bewegt sich keines der beiden.
Die Kraft kann also erst wirken, wenn eine Gegenkraft vorhanden ist.
Da Kräfte nur an ihren Wirkungen zu erkennen sind, genügt zur Darstellung oder Definition einer Kraft auch nicht die Angabe einer Maßzahl und einer Einheit.
Eine Kraft wird dargestellt durch:

1. **Größe der Kraft**	z. B. 100 N
2. **Angriffspunkt der Kraft**	z. B. im Schwerpunkt
3. **Richtung der Kraft**	z. B. in waagrechter Richtung

Ein Beispiel: Die Wirkung einer Kraft auf eine Ziegelmauer wird erheblich verschieden sein, je nachdem, ob die Kraft von oben, am oberen Ende von der Seite oder über der Erde von der Seite wirkt.

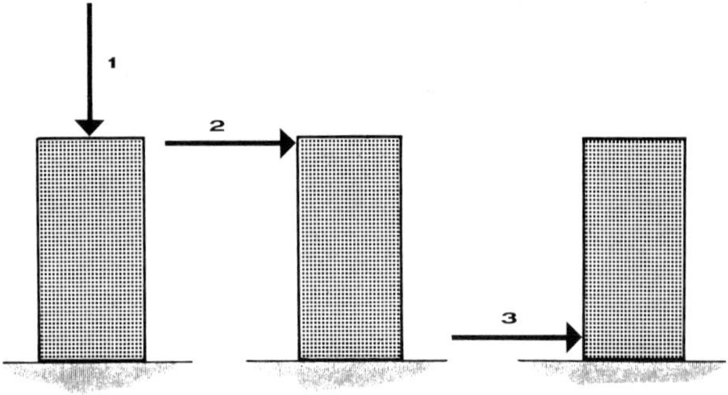

Im Fall 1 wird keine Veränderung der Mauer auftreten, der Fall 2 wird die Mauer zum Einsturz bringen, während im Fall 3 die Mauer verschoben wird.

Am einfachsten werden Kräfte **zeichnerisch** dargestellt und beschrieben. Um die darzustellenden Kräfte auch beschreiben zu können, muß ein entsprechender Maßstab gewählt werden, der auch zur Größe des Zeichenblattes in einem zweckmäßigen Verhältnis steht.
Zur verhältnisgleichen Aufzeichnung verwendet man einen Kräftemaßstab, ähnlich dem Maßstab auf einer Landkarte, der ja auch entsprechend der Größe des Kartenblattes und des darzustellenden Gebietsausschnittes gewählt wird.
Am Kartenrand steht z. B. M 1:100 000. Das bedeutet: 1 cm auf der Karte entspricht 100 000 cm oder 1 km in der Natur.
Eine Kraft wird durch einen Pfeil von bestimmter Länge dargestellt. Das Ende des Pfeiles stellt den Angriffspunkt der Kraft dar, die Richtung des Pfeiles die Richtung der Kraft.

Als Kräftemaßstab schreibt man z. B. 1 cm ≙ 100 N, je nach Größe der zu zeichnenden Kraft. Der Maßstab kann völlig willkürlich gewählt werden.
Ein Pfeil waagrecht 4 cm lang bezeichnet dann also eine Kraft von 400 N in waagrechter Richtung.

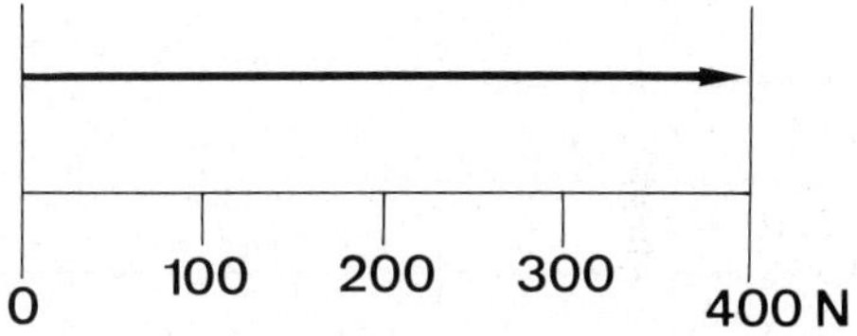

Das Zeichen ≙ wird als „entspricht" bezeichnet, da man ja 1 cm nicht „gleich" 100 N setzen kann.

2.2. Kräfte im selben Angriffspunkt

Wirken 2 oder mehrere parallele Kräfte auf **einen** Punkt, so können sie sowohl rechnerisch als auch zeichnerisch zusammengesetzt oder voneinander abgezogen werden.

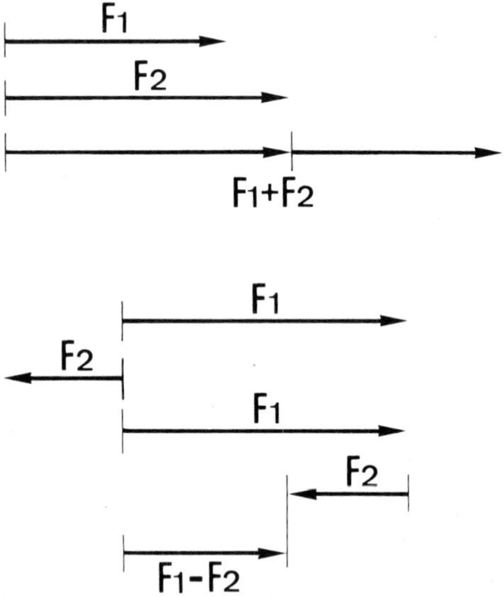

Schwieriger wird die Aufgabe jedoch, wenn Kräfte unter einem bestimmten Winkel auf einen Punkt wirken.
Da, wie bereits erwähnt, Kräfte durch Richtung **und** Größe definiert sind, kann man hierbei das uns bekannte Additions- und Subtraktionsverfahren nicht anwenden.

Für einen Fall dieser Art wird das **Kräfteparallelogramm** angewendet. Mit diesem Kräfteparallelogramm lassen sich 2 Kräfte zu einer **Ersatzkraft** oder **Resultierenden** zusammenfassen.

Zur Zeichnung des Kräfteparallelogrammes benötigt man einen Zeichenwinkel (Zeichendreieck) und ein Lineal oder zwei Zeichendreiecke.
Mit Hilfe dieser Zeichengeräte wird eine Parallelverschiebung ausgeführt, man verfährt dabei folgendermaßen:
Der Winkel a wird an die zu verschiebende Linie angelegt. An den anderen Schenkel des Zeichenwinkels legt man das Lineal oder das zweite Zeichendreieck. Verschiebt man nun den Winkel a, so wird die Richtung der ursprünglichen Linie parallel verschoben und kann am gewünschten Punkt abgetragen werden.

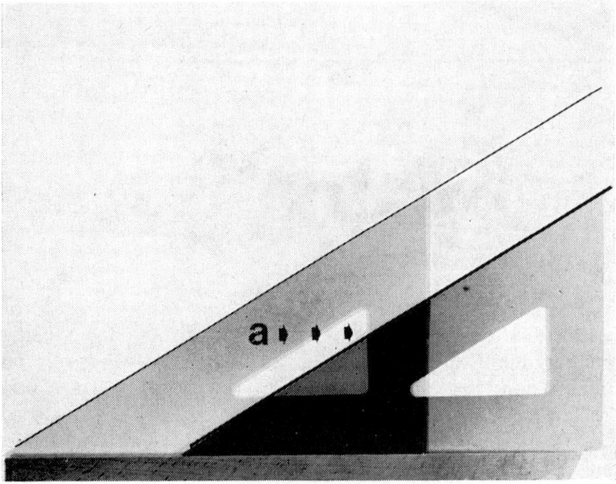

Sollen 2 Kräfte zusammengefaßt werden, die unter einem bestimmten Winkel zueinander wirken, so zeichnet man zu jeder Kraft eine Parallele durch die Spitze der anderen Kraft.
Die Diagonale, d. h. die Verbindungslinie vom Ausgangspunkt der beiden Kräfte zum Schnittpunkt der beiden gezeichneten parallelverschobenen Strecken, stellt die Ersatzkraft oder Resultierende dar, die die gleiche Wirkung ausübt, wie die beiden Kräfte F_1 und F_2.

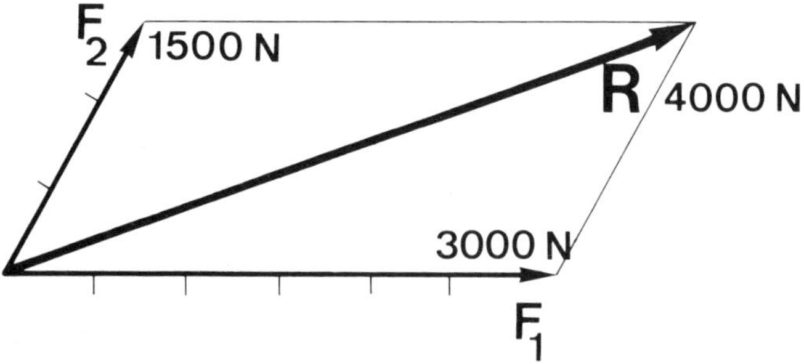

1 cm ≙ 500 N

Würde man die vorstehend dargestellten Kräfte $F_1 = 3000$ N und $F_2 = 1500$ N zahlenmäßig zusammenzählen, so käme man zu dem Ergebnis 4500 N. Tatsächlich wirkt aber nur die durch das Kräfteparallelogramm konstruierte Kraft von 4000 N. Die Kraft, die auf den Körper unter dem sich durch die Richtung der Diagonalen ergebenden Winkel wirkt, ist also erheblich geringer.

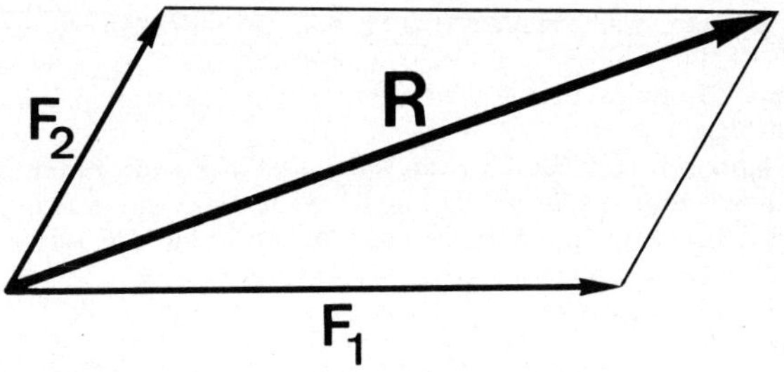

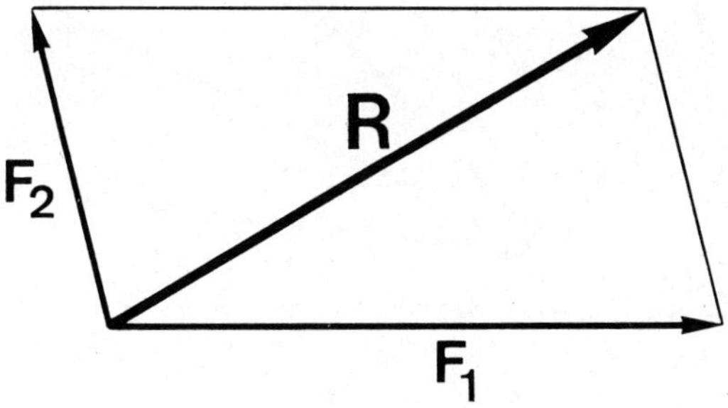

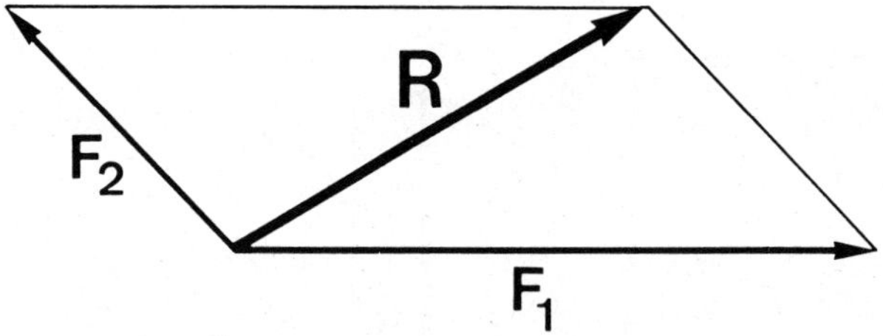

Je größer nun der Winkel zwischen den beiden Kräften wird, desto geringer wird die Größe der Ersatzkraft.

Genauso, wie die Vereinigung von zwei Kräften zu einer Ersatzkraft möglich ist, kann umgekehrt die Zerlegung von einer Kraft in zwei Kräfte unter einem bestimmten Winkel erfolgen.

Solange kein Winkel für die Richtung der beiden Kräfte bekannt oder gegeben ist, sind unendlich viele Lösungen möglich. Erst die Angabe des Winkels oder der Richtung der Kräfte zueinander ergibt **eine** Lösung.

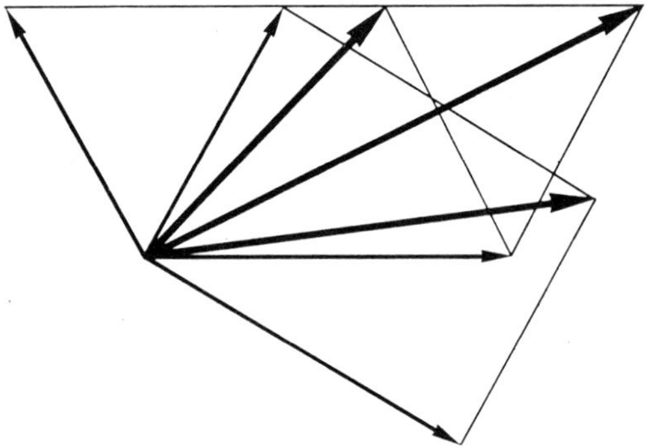

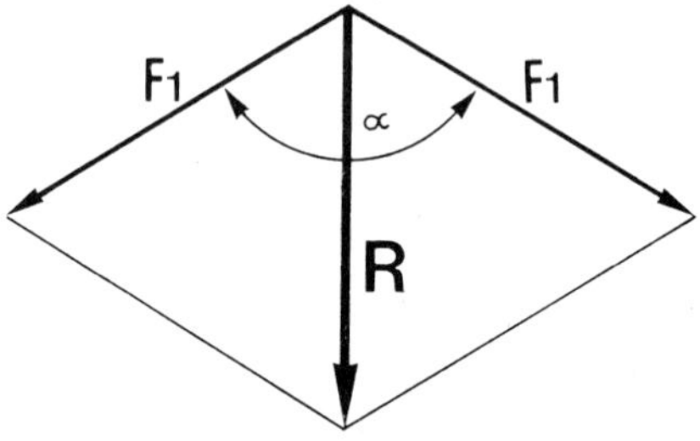

Die Kenntnis der Kräftezerlegung und Kräftezusammensetzung ist für die Beurteilung verschiedener Probleme des technischen Einsatzes der Feuerwehr äußerst wichtig.
Dazu einige Beispiele:

Anschlagen von Lasten

Zum Heben von Lasten wird um das zu hebende Teil ein Drahtseil oder eine Kette gelegt und am Lasthaken befestigt. Je nach der Größe des Winkels zwischen der Richtung der Zugkraft und der Richtung der Zugkraft in den Seilen, der als **Neigungswinkel** bezeichnet wird, treten am Seil verschieden große Spannungen auf.

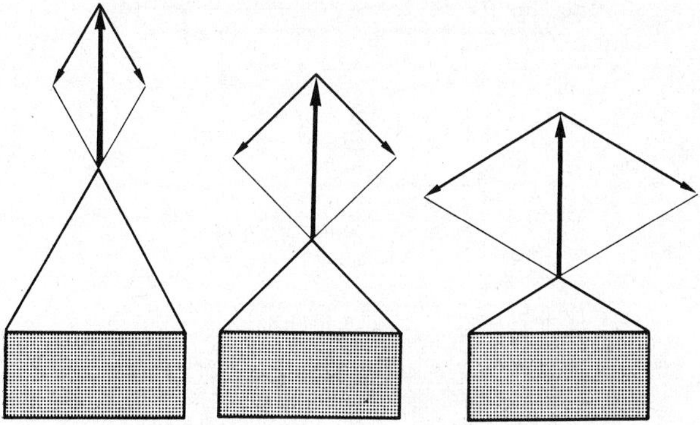

Diese Belastungen können mit Hilfe des Kräfteparallelogrammes aufgezeichnet werden.
Wird die Last an zwei parallel laufenden Seilen aufgezogen, so beträgt die Belastung pro Seil genau die Hälfte der Last. Bei größer werdendem Spreizwinkel steigt die Spannung oder Seilbelastung pro Seil. Diese Seilspannung kann ein **Vielfaches** der tatsächlichen Last annehmen.

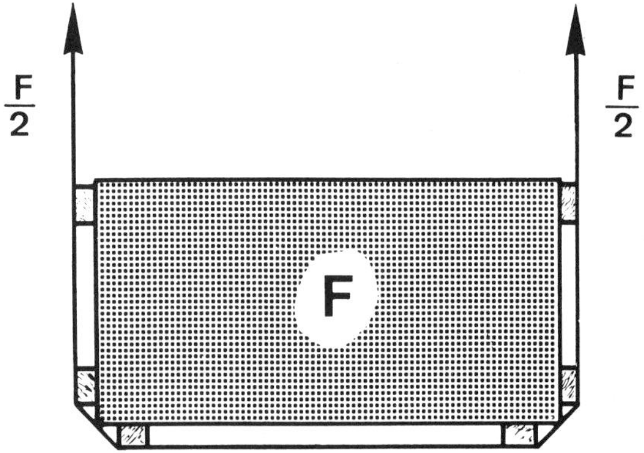

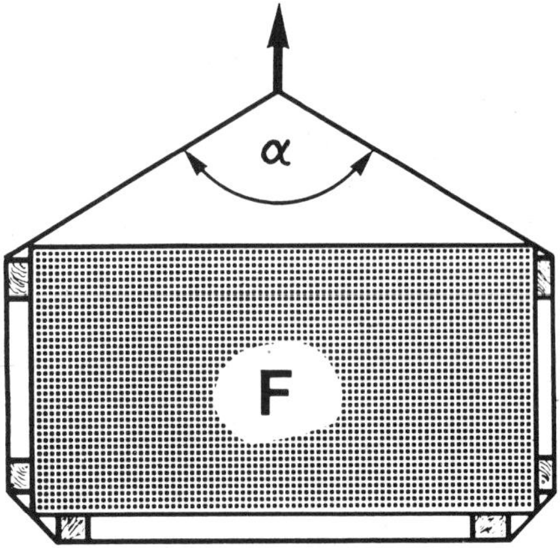

Die Seilspannung überschreitet bei zu großem Neigungswinkel die zulässige Belastungsfähigkeit der Seile.

In der Praxis darf der **Neigungswinkel nie mehr als 60°** betragen.
Aus den gezeichneten Beispielen ergibt sich:

Neigungswinkel	Belastung der Seile in % der Mindestzugfestigkeit
22,5°	≈ 55
45°	≈ 70
60°	≈ 100

Aus den angeführten Werten läßt sich ersehen, daß bei einem Neigungswinkel von 60° in jedem Seil eine Belastung auftritt, die der tatsächlichen Last entspricht.

Fällen von Bäumen

Verschiedentlich wird beim Fällen von Bäumen mit einer Seilwinde (Flaschenzug, Greifzug o. ä.) der Baum in eine bestimmte Richtung vorgespannt, sodann das Zugseil durch Drücken nach unten zusätzlich belastet und so der Baum umgelegt.

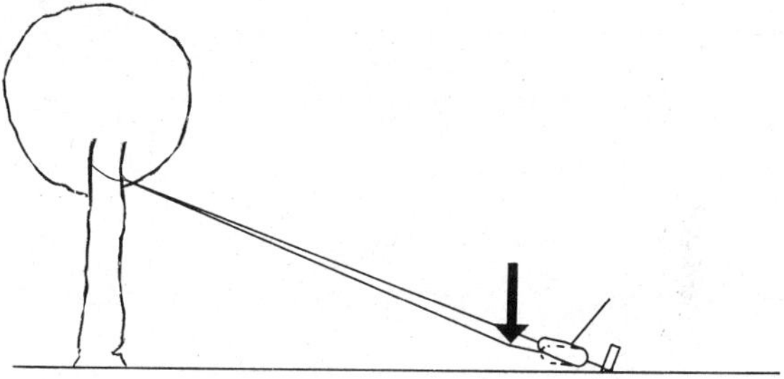

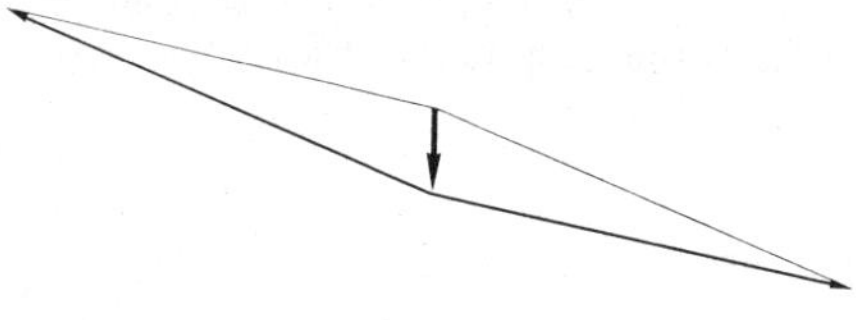

Hier tritt der gleiche Fall wie beim Anschlagen von Lasten auf, die zulässige Belastung des Seiles wird durch den sehr stumpfen Neigungswinkel überschritten.

Abseilen von Personen mittels Seilbahn

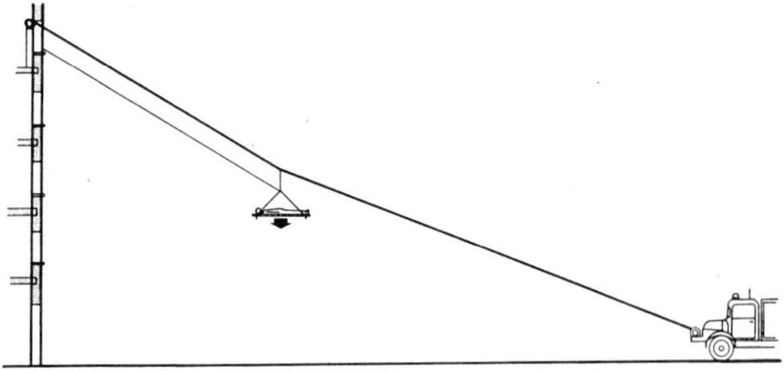

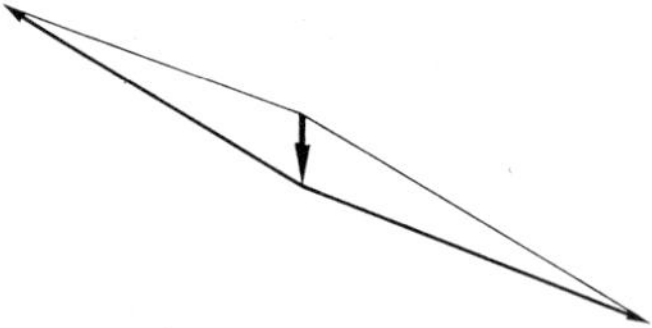

Die Belastung steigt bei straffem Seil stärker an als bei kleinem Durchhang. Bei Verwendung dieser Rettungsmethode ist also darauf zu achten, daß das Seil nicht zu stark auf Spannung gebracht wird.

Einbringen von Keilen

▶ zum Heben von Lasten z. B. bei Abstützarbeiten:

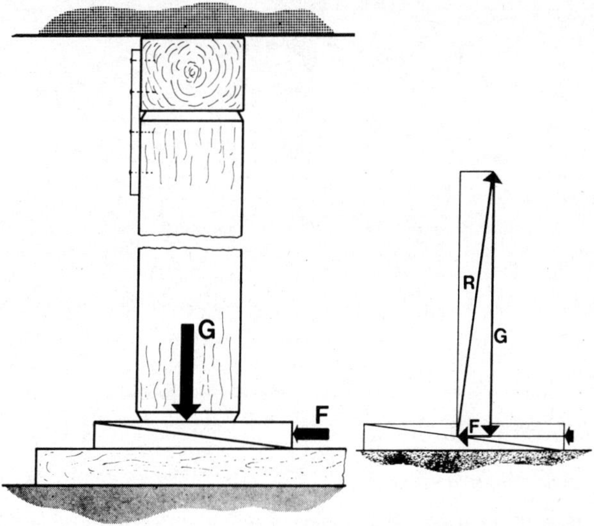

Die theoretisch ermittelten Werte dieses und des nächsten Beispiels werden in der Praxis jedoch nie erreicht, da zwischen den Berührungsflächen von Last und Keil sehr große Reibungskräfte auftreten. Diese Reibungskräfte werden im folgenden Kapitel näher behandelt.

▶ zum Spalten von Holz oder zum Erweitern von Spalten.

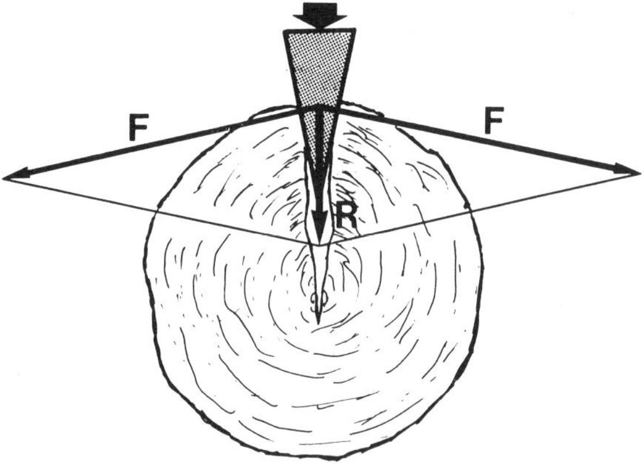

2.3. Reibung

2.3.1. Gleitende Reibung

Um eine Last auf ebener Fläche fortzubewegen, ist ein bestimmter Kraftaufwand notwendig. Der Satz „Zugkraft = Bewegungswiderstand" gilt auch hier.
Für diesen Bewegungswiderstand muß aber eine Ursache vorhanden sein. Diese Ursache ist in den Bodenunebenheiten sowie in der Unebenheit der Auflagefläche der Last zu suchen. Daraus ergibt sich ganz klar eine Verringerung der Zugkraft bei glatterem Boden.
Durch Versuch läßt sich erkennen, daß eine Last beliebiger Grundfläche (z. B. 2 m · 1 m = 2 m²) und beliebiger Höhe (z. B. 0,5 m) — ganz gleich, welche Fläche am Boden aufliegt — die gleiche Zugkraft benötigt.

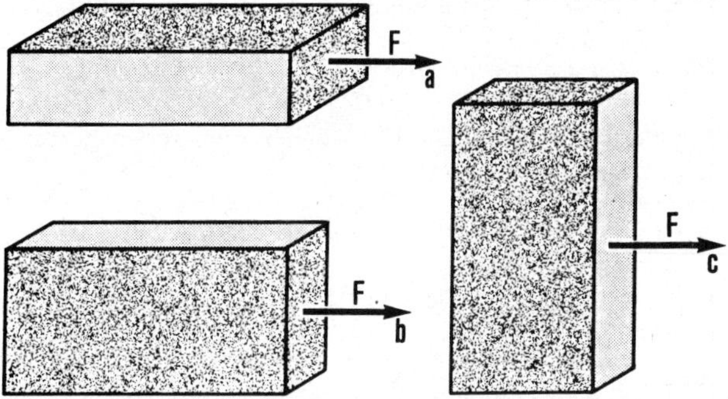

Für die Größe der Zugkraft ist also nur der **Reibungswiderstand** zwischen Last und Fläche ausschlaggebend.

Diese im ersten Moment verblüffende Tatsache läßt sich dadurch erklären, daß sich im Fall a das Gewicht der Last auf eine größere Fläche verteilt, die Belastung pro Flächeneinheit also geringer wird, während im Fall b und c die Belastung pro Flächeneinheit größer wird, da für die gleiche Last nur eine kleinere Fläche zur Verfügung steht. Das Verhältnis von Zugkraft oder Reibungskraft R zur Gewichtskraft F_G wird als Reibungszahl μ bezeichnet.

$$\frac{\textbf{Reibungskraft}\ \ \textbf{R}\ (\text{N})}{\textbf{Gewicht}\ \ \textbf{G}\ (\text{N})} = \textbf{Reibungszahl}\ \mu$$

μ ist dabei eine dimensionslose Zahl, die immer kleiner als 1 sein muß.

z. B. Zugkraft 50 MN
Gewichtskraft 100 MN

$$\mu = \frac{50\ \text{MN}}{100\ \text{MN}} = 0{,}5$$

Durch Umstellen der Formel in

Reibungskraft R = Reibungszahl μ · Gewichtskraft F_G

läßt sich bei bekannter Gewichtskraft und bekannter Reibungszahl die Zugkraft berechnen.

Die Werte der Reibungszahlen können grob angenähert wie folgt angenommen werden:

Stahl auf Stahl	0,15	Holz auf Metall	0,6–0,7
Stahl auf Eis	0,027	Bremsbelag auf Stahl	0,6
Holz auf Stein	0,7		

Haftreibungszahlen zwischen Reifen und Fahrbahn bei ca. 60 km/h

	trocken	naß	schmierig
Auf Beton	0,6–0,8	0,5–0,6	0,4–0,5
Asphalt	0,5–0,7	0,4–0,5	0,3–0,4
Basalt	0,4–0,6	0,3–0,4	0,2–0,3

Aus diesem Naturgesetz ergibt sich auch die Erkenntnis, daß die tatsächliche Zugkraft einer Seilwinde an einem, nicht durch Bodenanker oder an einem Baum festgelegten Fahrzeug nie über die Gewichtskraft des Fahrzeuges ansteigen kann. In der Praxis werden bei Verwendung von Radschuhen Reibungszahlen von maximal 0,6 – 0,8 erreicht, was einer Zugkraft von 0,6 – 0,8 der tatsächlichen Gewichtskraft des Fahrzeuges entspricht.

Zur Verringerung der Reibung versucht man geeignete Stoffe zwischen Last und Unterlage einzubringen. Dieses Gleitmittel (Öl, Schmierseife) füllt die Unebenheiten aus und verringert so das Ineinanderdrücken der Unebenheiten. Aus der Praxis weiß man, daß zum Anschieben einer Last mehr Kraft erforderlich ist als zum Weiterbewegen. Die **Haftreibung** ist also größer als die **Gleitreibung,** da sich die Unebenheiten der nicht bewegten Last angleichen. Befindet sich die Last jedoch in Bewegung, bleibt für das Angleichen keine Zeit.

2.3.2. Rollende Reibung

Zur Verringerung der aufzuwendenden Kräfte erkannte man schon sehr früh den Vorteil des Rades (etwa um 4000 v. Chr). Jedoch auch beim Rad ergeben sich eine ganze Reihe von Bewegungswiderständen:

1. Die Reibung zwischen Boden und Rad; ohne diese Reibung könnte sich das Rad nicht drehen, es würde über den Boden gleiten.

2. Die Reibung im Lager des Rades.

3. Die elastische oder plastische Verformung entweder des Untergrundes, des Rades, oder des Rades und des Untergrundes.

Unter **elastischer Verformung** versteht man eine wieder zurückgehende Verformung eines Körpers, z. B. eines Autoreifens. Der Reifen liegt nicht auf einer Linie sondern auf einer Fläche auf.
Das Rad dreht sich laufend über eine Fläche, diese Verformung geht nach dem Abrollen sofort wieder in die ursprüngliche Form zurück. Das Rad wird also laufend über eine Vielzahl von Flächen gekippt.

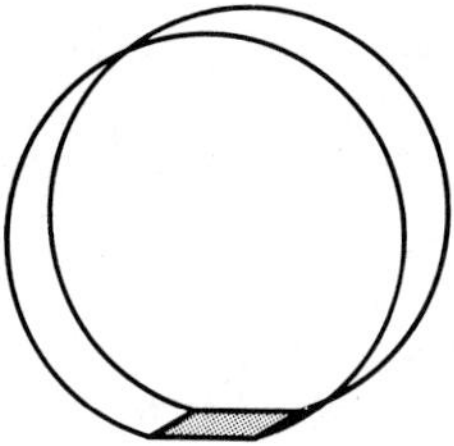

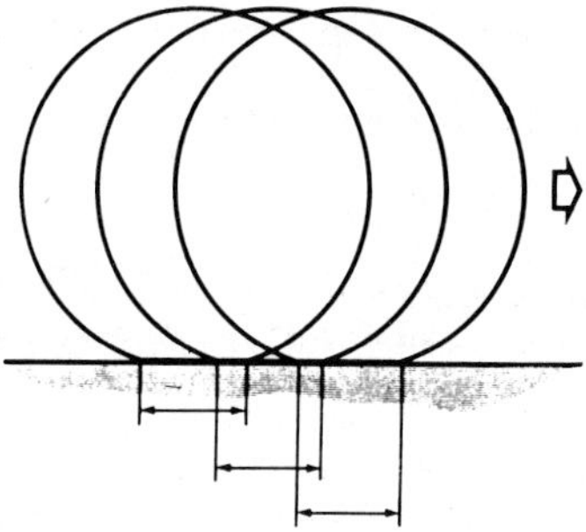

Unter **plastischer Verformung** versteht man eine bleibende Verformung, z. B. den Eindruck eines Rades im Erdreich.

Die Gewichtskraft des Fahrzeuges drückt das Fahrzeug in den Untergrund, das Fahrzeug muß also laufend über eine Erhebung geschoben werden, die erst durch die volle Masse des Fahrzeuges, also nach Erreichen des höchsten Punktes, eingedrückt wird.

Das Kippen über eine Fläche läßt sich am besten anhand der bereits erklärten Kräftezusammensetzung verständlich machen.

Auf dem Rad lastet die Gewichtskraft G und wirkt die Zugkraft F, die dem Bewegungswiderstand entspricht.
Beide vereinigen sich zu einer Resultierenden R. Die Verlängerung der Wirkungslinie von R trifft den Umfang des Rades im Punkt a.

Der sich ergebende Abstand f wird als Hebelarm der rollenden Reibung bezeichnet.

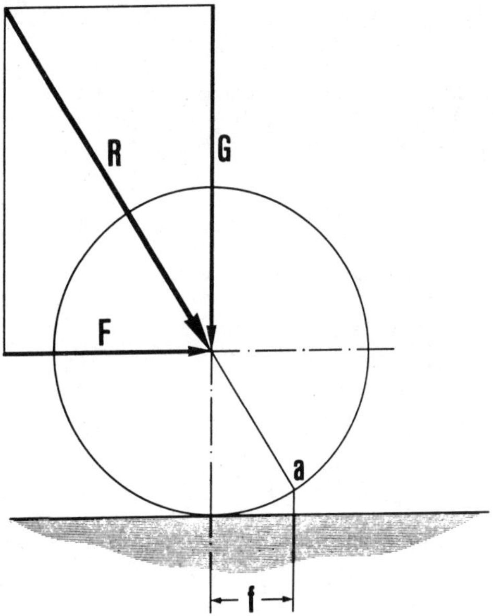

Je geringer dieser Hebelarm, desto geringer ist die Kraft, die aufgewendet werden muß, um die Reibung zu überwinden.

Der Hebelarm f ist in Wirklichkeit äußerst klein, so beträgt er z. B. für Eisenbahnräder 0,05 cm.

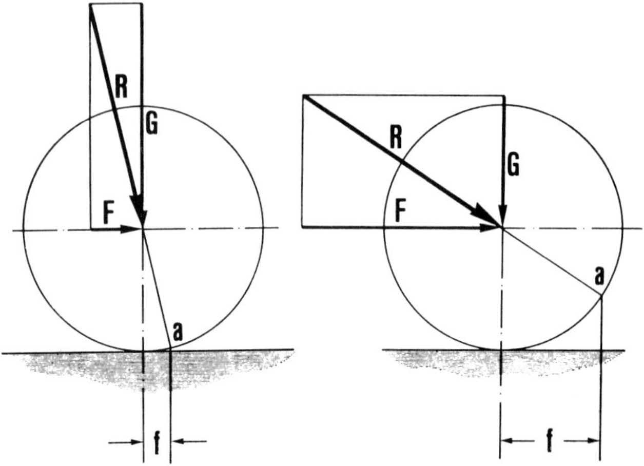

2.4. Schwerpunkt

Ein Körper läßt sich gedanklich in beliebig viele Teilchen zerlegen. Jedes dieser Teilchen versucht, durch die Erdanziehung hervorgerufen, dem Erdmittelpunkt zuzustreben. Diese Eigenschaft wird als Gewichtskraft bezeichnet. (siehe auch „Masse und Gewichtskraft")

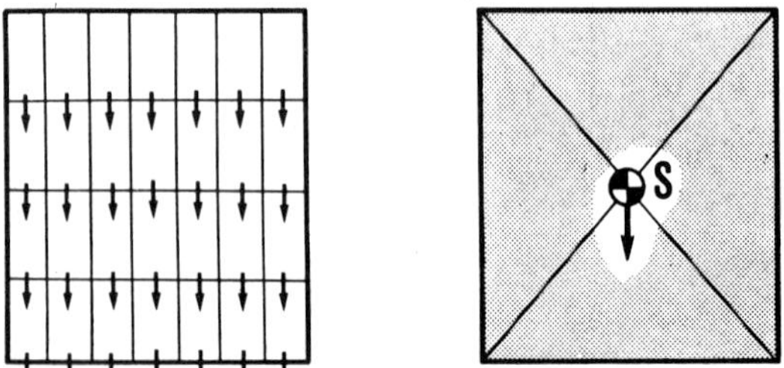

Diese vielen Einzelkräfte lassen sich aber auch zu einer einzigen Kraft zusammenfassen, die dementsprechend in der Mitte all dieser Einzelkräfte angreifen muß, um genau die gleiche Wirkung zu erzielen.
Der Punkt, an dem diese Kraft angreift, wird **Schwerpunkt** genannt.
Bei regelmäßigen Körpern oder regelmäßigen Flächen liegt dieser Punkt im Schnittpunkt der Diagonalen. Sehr viel schwieriger ist die Bestimmung des Schwerpunktes bei unregelmäßigen Körpern. Allgemein gesprochen liegt er umso höher, je mehr Teilchen von der Auflagefläche entfernt liegen.

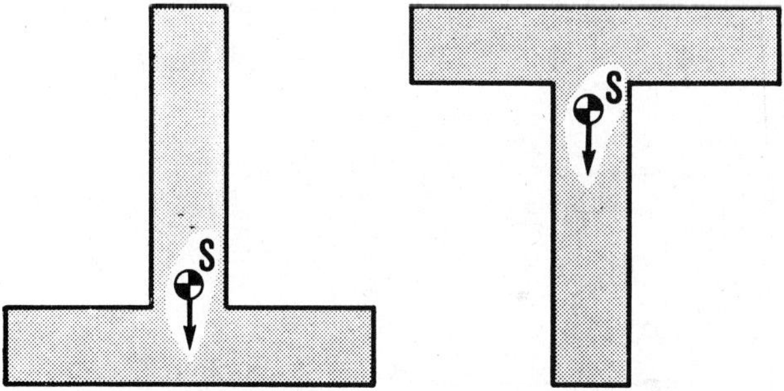

2.5. Standfestigkeit

Ein Körper beliebiger Auflagefläche wird von Kanten begrenzt. Diese Kanten nennt man im Zusammenhang mit Schwerpunkt und Standfestigkeit **Kippkanten.**
Auch ein Fahrzeug besitzt Kippkanten, hier werden die senkrechten Projektionskanten als Kippkanten bezeichnet.

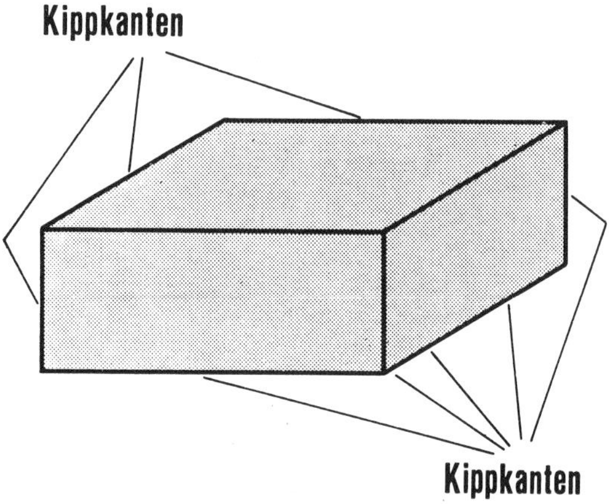

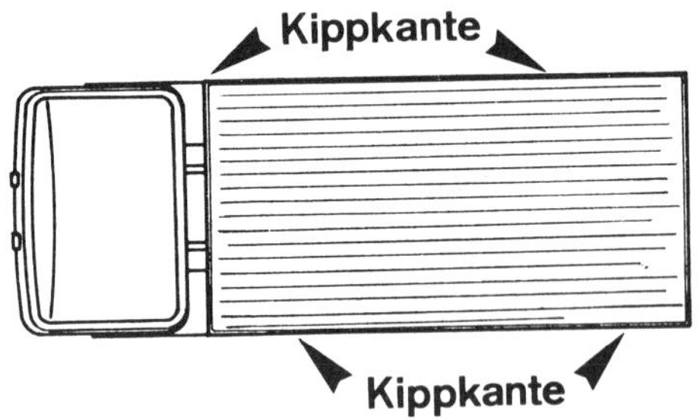

Schwerpunkt und Standfestigkeit sind eng miteinander verknüpft.
Ein Körper (Fahrzeug, Maschine oder Gerät) fällt um, wenn die Wirkungslinie der im Schwerpunkt angreifenden Gewichtskraft außerhalb der Kippkante auf die Unterlage trifft.

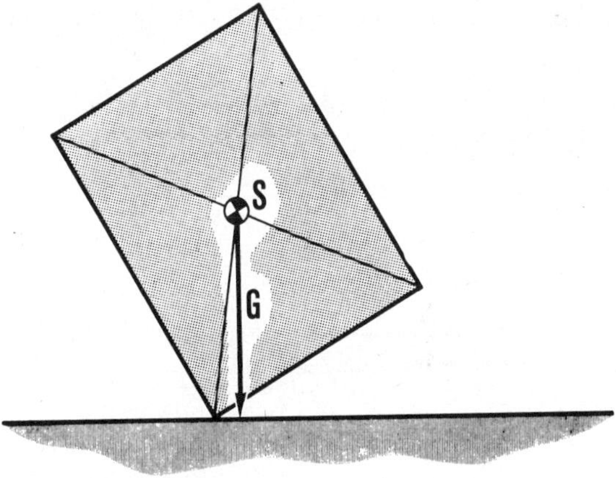

Auch das Fahrverhalten von Fahrzeugen wird von der Lage des Schwerpunktes entscheidend beeinflußt.
Jeder Feuerwehrfahrer wird aus eigener Erfahrung wissen, daß ein Löschfahrzeug andere Fahreigenschaften besitzt als eine Drehleiter oder ein Kranwagen.
Sowohl bei der Drehleiter als beim Kranwagen liegt der Schwerpunkt durch die besondere Konstruktion dieser Fahrzeuge erheblich niedriger als bei Löschfahrzeug oder Tanklöschfahrzeug.

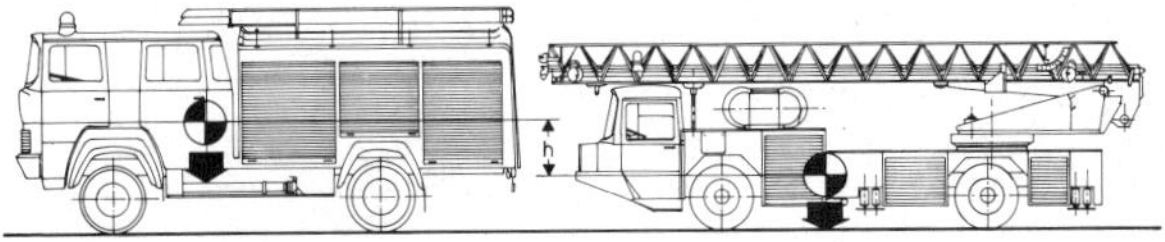

h = Höhenunterschied der Schwerpunkte von verschiedenartigen Fahrzeugen

Aus diesen Überlegungen ergibt sich die Bestätigung der Erfahrungstatsache, daß ein Körper mit tiefliegendem Schwerpunkt und großer Auflagefläche besser steht als ein Körper mit hochliegendem Schwerpunkt und kleiner Auflagefläche.

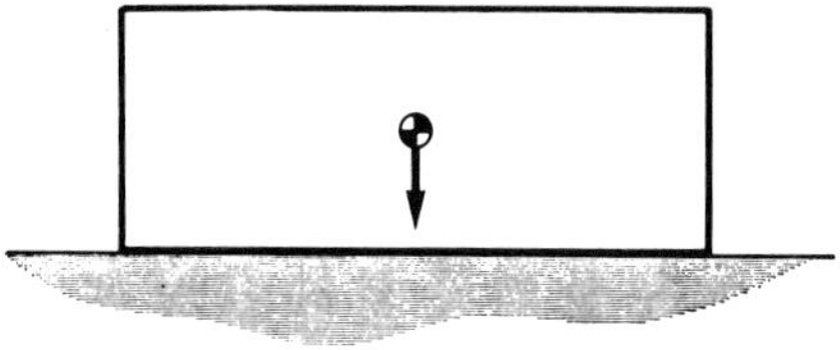

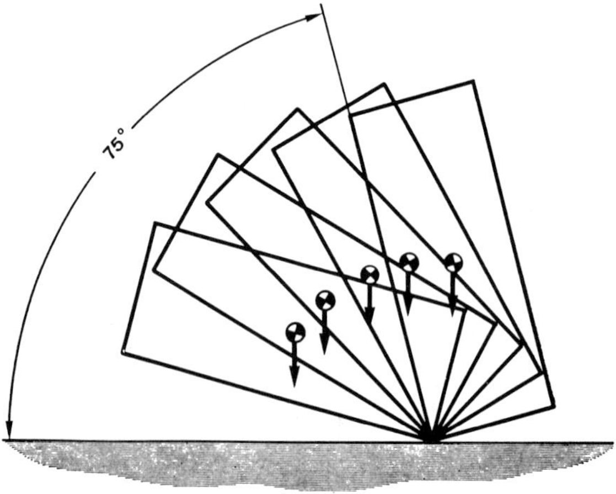

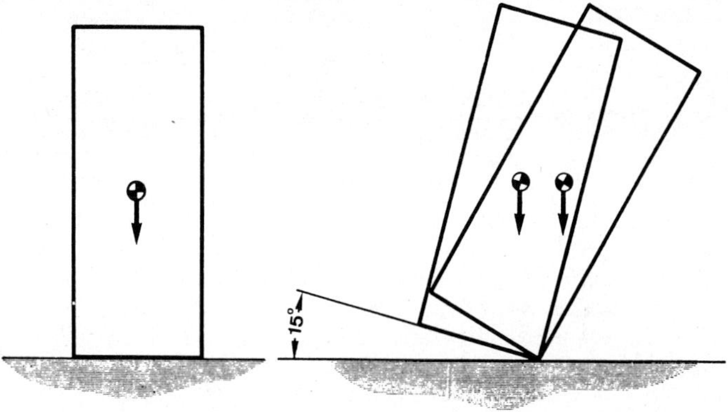

In der Technik versucht man bei allen Fahrzeugen und Geräten den Schwerpunkt so tief wie möglich zu legen. So verwendet man z. B. Tieflader u. a. zum Transport von Maschinen mit hohem Schwerpunkt.

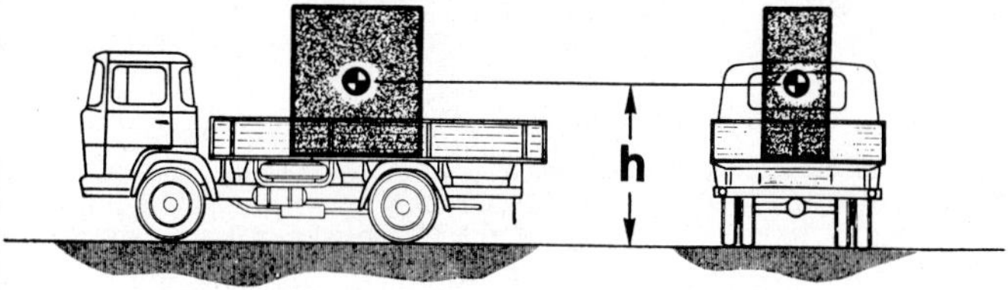

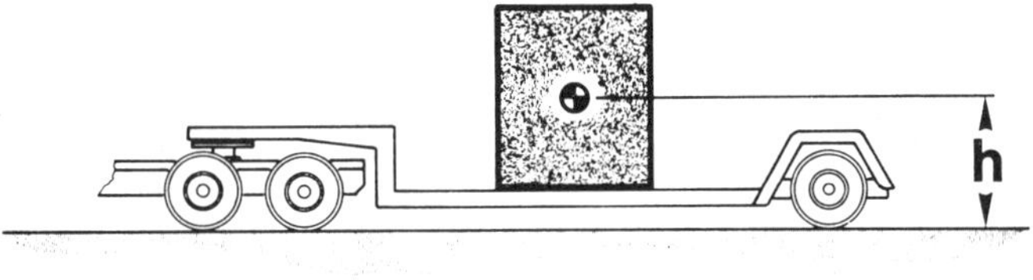

Umgekehrt wird ein Körper dann auf seine Standfläche zurückfallen, wenn die Wirkungslinie des Schwerpunktes wieder innerhalb der Kippkanten auf die Unterlage trifft.

Diese Tatsache wird beim Aufrichten umgestürzter Fahrzeuge besonders wichtig. Um ein unkontrolliertes Kippen des Fahrzeuges zu vermeiden, muß dieses durch **geeignetes** Sichern vermieden werden.
Wirkt eine Gewichtskraft von 50 MN im Schwerpunkt eines umgestürzten Fahrzeuges, so wirken diese 50 MN auch beim Aufstellen.
Es ist also völlig zwecklos, z. B. mit einer Arbeitsleine, wie oft praktiziert, gegenzuhalten.

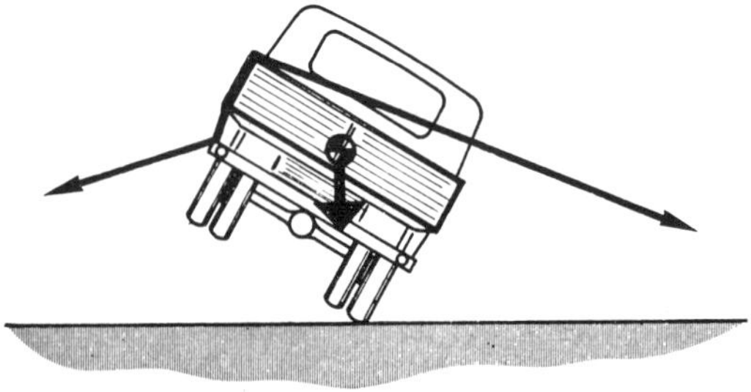

2.6. Gleichgewicht

Eng mit Schwerpunkt und Standfestigkeit ist auch der Begriff Gleichgewicht verbunden.

Auf jeden Körper wirken Kräfte ein. Der Körper befindet sich nur dann in Ruhe, wenn sich diese Kräfte gegenseitig aufheben. Wird eine dieser Kräfte größer, so wird sich der Körper bewegen.

Zwei Mann ziehen an einem Seil, beide mit der gleichen Kraft. Das Kräftesystem befindet sich in **Ruhe,** anders gesagt im **Gleichgewicht.**

Verstärkt ein Mann seine Zugkraft, wird das Gleichgewicht aufgehoben, Mann und Seil bewegen sich.

Ein Beispiel aus der Praxis stellt ein Fahrzeug dar, das sich auf einer Kreisbahn befindet.

Auf dieses Fahrzeug wirken Kräfte ein. (Auf die Bewegungskraft soll hier nicht eingegangen werden.) Eine Kraft wirkt als Fliehkraft, die jedem Autofahrer von Kurvenfahrten her bekannt ist, die andere Kraft stellt die Gewichtskraft des Fahrzeuges dar.

Beide Kräfte wirken senkrecht zueinander.

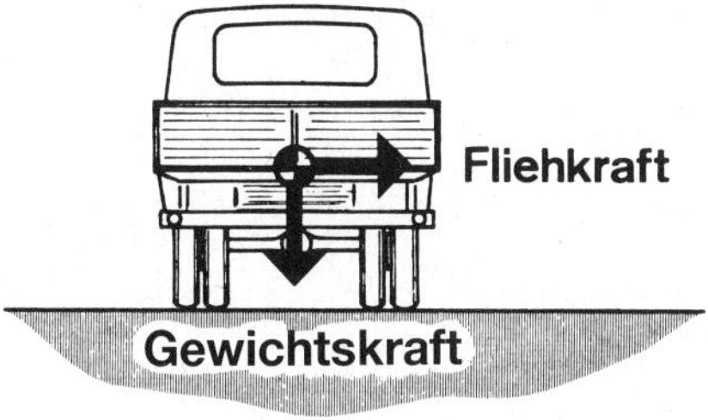

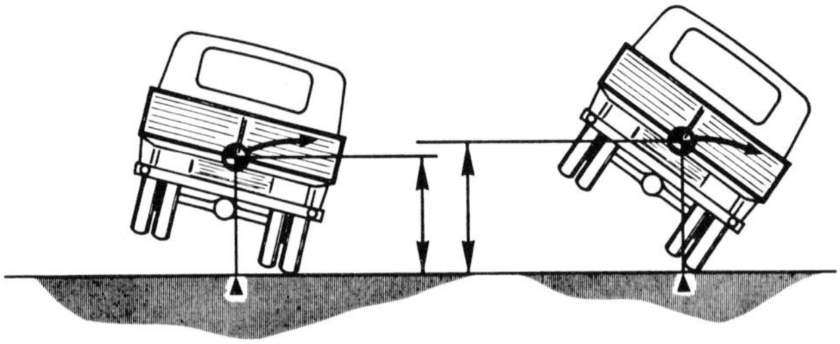

Stabiles Gleichgewicht

Das Fahrzeug bleibt so lange im Gleichgewicht, solange der Schwerpunkt den tiefstmöglichen Punkt einnimmt.
Bei Zunahme der Fliehkraft hebt sich das kurveninnere Rad und damit der Schwerpunkt. Kehrt er in die ursprüngliche Lage zurück, überwiegt also die Gewichtskraft die Fliehkraft wieder, wird das Rad wieder den Boden berühren, das Fahrzeug stürzt nicht um.
Das **sichere** oder **stabile Gleichgewicht** ist also dadurch gekennzeichnet, daß sich unter Einwirkung einer Kraft der Schwerpunkt hebt und nach Verschwinden dieser Kraft wieder in den ursprünglichen Zustand zurückkehrt.

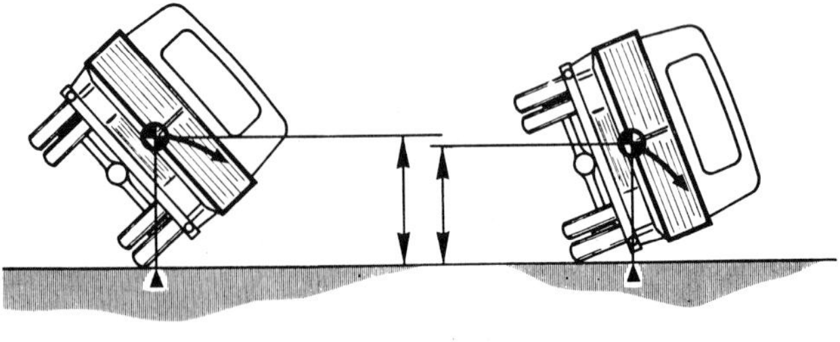

Labiles Gleichgewicht

Liegt das Fahrzeug aber schon so schräg, daß die Wirkungslinie des Schwerpunktes auf die Kippkante trifft, wird eine geringfügige Erhöhung der Fliehkraft den Schwerpunkt senken, das Fahrzeug stürzt um.

Das **unsichere** oder **labile Gleichgewicht** ist dadurch gekennzeichnet, daß sich der Schwerpunkt bei Einwirkung einer Kraft senkt.
Bleibt der Schwerpunkt auf gleicher Höhe, so spricht man von **unbestimmtem** oder **indifferentem Gleichgewicht.**

Ein weiteres Beispiel stellt eine Schlauchhaspel dar, deren Schläuche so gewickelt sind, daß die Mehrzahl der Kupplungen in einem Viertel des Umfanges liegen.
Befinden sich die Kupplungen an der höchsten Stelle, so herrscht labiles Gleichgewicht, beim Öffnen der Sperre dreht sich die Haspel so lange, bis sich die Kupplungen an der tiefsten Stelle befinden und damit stabiles Gleichgewicht eingetreten ist.
Wird die Haspel gleichmäßig bewickelt, sind die Kupplungen also gleichmäßig verteilt, wird die Haspel in jeder Lage in Ruhe bleiben; es liegt indifferentes Gleichgewicht vor.

3. Bewegungen

Viele Vorgänge in der Mechanik sind mit Bewegungen verbunden. Genau wie für Kräfte gelten auch hierfür bestimmte Gesetzmäßigkeiten: bewegt sich ein Körper, so ändert er seinen Standort im Laufe der Zeit.
Für das Messen von Bewegungen müssen also 2 Größen gemessen werden, **Zeit** und **Weg.**
Man unterscheidet 2 Arten von Bewegungen:

- Die geradlinig fortschreitende Bewegung – Translation.
- Die Bewegung auf einer Kreisbahn – Rotation.

So wie Kräfte eindeutig nur durch Größe und Richtung beschrieben werden können, gehören zur Beschreibung von Bewegungen auch mehrere Angaben:

- Angabe des Weges: Weganfang – Wegende – **Weg**
  Kurzzeichen s
- Angabe der Zeit: Zeitanfang – Zeitende – **Zeit**
  Kurzzeichen t

Aus Weg und Zeit ergibt sich die **Geschwindigkeit**
Kurzzeichen v
Unter Verwendung dieser Begriffe kann man wieder unterteilen in

1. Gleichförmige Bewegung
2. Ungleichförmige Bewegung

Ungleichförmige Bewegung nennt man bei Geschwindigkeitszunahme **beschleunigte** Bewegung, bei Geschwindigkeitsabnahme **verzögerte** Bewegung.

3.1. Gleichförmige Bewegung

Legt ein Körper in gleichen Zeitabständen gleiche Wegstrecken zurück, so spricht man von gleichförmiger Bewegung.

Weganfang	0 m	Weg	1000 m
Wegende	1000 m		
Zeitanfang	0 s	Zeit	100 s
Zeitende	100 s		

Also über eine Zeit von 100 s einen Weg von 1000 m
Daraus ergibt sich für eine Sekunde ein Weg von

$$\frac{1000\ \text{m}}{100\ \text{s}} = \frac{10\ \text{m}}{1\ \text{s}}$$

Das Verhältnis von Weg zu Zeit nennt man **Geschwindigkeit.**

$$\frac{\text{Weg}}{\text{Zeit}} = \text{Geschwindigkeit} \qquad \frac{\mathbf{s}}{\mathbf{t}} = \mathbf{v};$$

Je nach der Wahl der Größen ergibt sich die Dimension $\frac{\text{m}}{\text{s}}$ oder $\frac{\text{km}}{\text{h}}$

$$\frac{1\ \text{km}}{1\ \text{h}} = \frac{1000\ \text{m}}{3600\ \text{s}} = \frac{1}{3{,}6}\left[\frac{\text{m}}{\text{s}}\right]$$

Will man $\frac{\text{km}}{\text{h}}$ in $\frac{\text{m}}{\text{s}}$ umrechnen, wird die Angabe von $\frac{\text{km}}{\text{h}}$ durch 3,6 geteilt.

Zur Umrechnung von $\frac{\text{m}}{\text{s}}$ in $\frac{\text{km}}{\text{h}}$ muß die Angabe von $\frac{\text{m}}{\text{s}}$ mit 3,6 multipliziert werden.

Aus der Ableitung der Definition für die Geschwindigkeit ergibt sich ganz klar, daß die Maßeinheit nur Kilometer pro Stunde $\frac{\text{km}}{\text{h}}$ heißen kann und nicht, wie so oft verwendet, Stundenkilometer. Stundenkilometer bedeutet Stunde · Kilometer und diese Bezeichnung sagt nichts über die Geschwindigkeit aus.

3.2. Gleichförmige Drehbewegung

Bewegt sich ein Körper um seine Achse, so bewegen sich alle Punkte dieses Körpers auf einer Kreisbahn.
Man spricht allgemein von einer Drehbewegung.
Jeder Punkt dieses Körpers braucht die gleiche Zeit für einen Umlauf. Dabei legt jedoch jeder dieser Punkte einen verschieden großen Weg zurück.

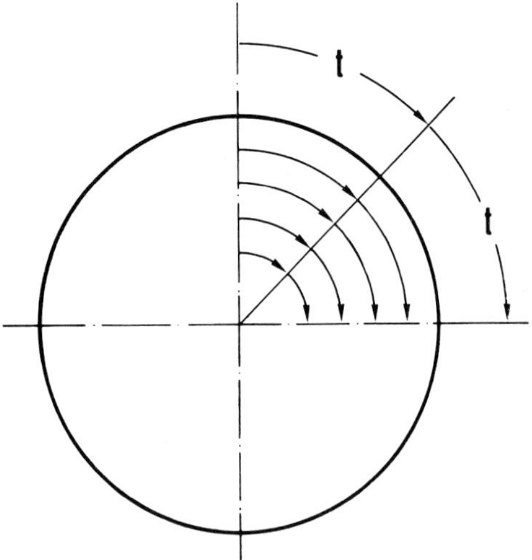

Die Zahl der Umdrehungen pro Zeiteinheit bezeichnet man als Drehzahl und schreibt als Maßeinheit den Kehrwert der Umlaufdauer, z. B. $n = 500 \frac{1}{s}$.

Gebräuchlich ist auch die Schreibweise $\frac{U}{s}$.

Die Maßeinheit $\frac{m}{s}$ kann also im Fall der Drehbewegung nicht verwendet werden, der zurückgelegte Weg hängt von der Entfernung der gemessenen Punkte von der Achse ab.
Ein Rad von 1 m Durchmesser benötigt zu einer Umdrehung 1 s und legt dabei einen Weg von $s = d \cdot \pi$
$s = 1 \cdot 3{,}14 = 3{,}14$ m zurück.
Hat das Rad einen Durchmesser von 2 m und braucht für 1 Umdrehung ebenfalls 1 Sekunde, so legt es $s = 2 \cdot 3{,}14 = 6{,}28$ m zurück.

Zur Definition der Drehbewegung muß also eine andere Formel gefunden werden.
Die Geschwindigkeit ist definiert als $\frac{\text{Weg}}{\text{Zeit}}$, der Weg bedeutet hier $s = d \cdot \pi$.
Die Drehzahl wird definiert als Drehzahl $n = \frac{\text{Umdrehungen}}{\text{Sekunde}}$
oder $\frac{1}{s}$ oder $\frac{1}{t}$ daraus Zeit $t = \frac{1}{n}$

Die Formel muß also heißen $v = \frac{d \cdot \pi}{t}$ oder $v = \frac{d \cdot \pi}{\frac{1}{n}}$

oder $\mathbf{v = d \cdot \pi \cdot n} \left[\frac{\mathbf{m}}{\mathbf{s}}\right]$

Die Geschwindigkeit am jeweiligen Umfang wird als Umfangsgeschwindigkeit bezeichnet.
Die Umfangsgeschwindigkeit ist bei Seilwinden oder Spillköpfen gleich der Seilgeschwindigkeit.

3.3. Gleichförmig beschleunigte Bewegung

Zur Erreichung einer gleichförmigen Bewegung muß ein Körper erst in einem bestimmten Zeitabschnitt auf diese Bewegung gebracht werden. Der Körper oder das Fahrzeug muß aus dem Stillstand auf diese Geschwindigkeit gebracht oder **beschleunigt** werden.

Beträgt die Geschwindigkeit eines Körpers nach 1 sec $1\frac{m}{s}$ so wurde dieser Körper auf eine Geschwindigkeit von $1\frac{m}{s}$ beschleunigt. Beträgt nach 2 s die Geschwindigkeit $2\frac{m}{s}$ so wurde in der 2. Sekunde wieder um $1\frac{m}{s}$ beschleunigt.

Die Beschleunigung ergibt sich also allgemein aus dem Verhältnis der Geschwindigkeit zur Zeit für das Erreichen dieser Geschwindigkeit.

$$\text{Beschleunigung} = \frac{\text{Geschwindigkeit}}{\text{Zeit}}$$

$$\mathbf{a} = \frac{\mathbf{v}}{\mathbf{t}} \quad \left[\frac{\frac{m}{s}}{s}\right] \quad \frac{m}{s^2}$$

(Ein Bruch wird durch eine ganze Zahl dividiert, indem man den Nenner mit der Zahl multipliziert.)
Die gleichen Überlegungen, die für die beschleunigte Bewegung gelten, gelten auch für das Gegenteil, die verzögerte Bewegung.

Man spricht von einer Verzögerung von z. B. $2{,}5\frac{m}{s^2}$ wie sie für Fahrzeuge in der StVZO gefordert wird.

Aus der Zeit, in der die Beschleunigung wirkt, und der Angabe der Beschleunigung läßt sich die Endgeschwindigkeit berechnen.

$$v\left[\frac{m}{s}\right] = t\,[s]\cdot a\left[\frac{m}{s^2}\right]$$

$$\mathbf{v} = \mathbf{t}\cdot\mathbf{a} \quad \left[\frac{m}{s}\right]$$

Ein Fahrzeug, das 10 s mit 1 $\frac{m}{s^2}$ beschleunigt wird, fährt nach diesen 10 s mit einer gleichförmigen Geschwindigkeit von 10 $\frac{m}{s}$ oder 36 $\frac{km}{h}$

3.4. Freier Fall

Ein besonderer Vorgang bei dem einem Körper ebenfalls Beschleunigung erteilt wird, ist der **freie Fall.**
In dem Kapitel über die Kräfte war zu sehen, daß die Erdanziehung versucht, jeden Körper zum Erdmittelpunkt zu ziehen.
Diese Kraft beschleunigt also einen Körper aus der Ruhe oder der Geschwindigkeit 0.
Durch Versuche stellte man fest, daß die Erdanziehung einen Körper pro Sekunde um 9,81 m beschleunigt oder wie jetzt geschrieben werden kann um 9,81 $\frac{m}{s^2}$
Diese Beschleunigung wird als **Erdbeschleunigung** bezeichnet.

$$\text{Erdbeschleunigung} \quad g = 9{,}81 \frac{m}{s^2}$$

Diese Beschleunigung gilt jedoch exakt nur für den luftleeren Raum, in der Atmosphäre wird der Körper durch die Luftreibung natürlich gebremst.
Ohne Luftreibung müßte eine Person, die in das Sprungtuch der Feuerwehr springt, nach einer Fallzeit von z. B. 2 s eine Geschwindigkeit von 19,62 m/s aufweisen. In der Praxis liegt diese Geschwindigkeit jedoch erheblich niedriger, da mit zunehmender Geschwindigkeit der Luftwiderstand sehr stark ansteigt.
Die beschleunigte Bewegung geht in eine gleichförmige über, bei der sich Luftwiderstand und Erdanziehung die Waage halten.

Eine andere Formel, deren Herleitung jedoch in diesem Rahmen zu weit führen würde, zeigt den Zusammenhang zwischen Geschwindigkeit und Fallhöhe.

$$\text{Geschwindigkeit} = \sqrt{2 \cdot \text{Erdbeschleunigung} \cdot \text{Fallhöhe}}$$

$$\mathbf{v = \sqrt{2\,gh}}$$

Ein Körper, der aus 10 m Höhe fällt, trifft (ohne Berücksichtigung des Luftwiderstandes) auf mit einer Geschwindigkeit von:

$$\text{Geschwindigkeit} = \sqrt{2 \cdot \text{Erdbeschleunigung} \cdot \text{Fallhöhe}}$$

$$v = \sqrt{2\,gh}$$

$$v = \sqrt{2 \cdot 9{,}81 \cdot 10} = \sqrt{196{,}2} = 14\,\frac{m}{s}$$

$$v = \sqrt{\frac{m \cdot m}{s \cdot s}} = \sqrt{\frac{m^2}{s^2}} = \frac{m}{s}$$

Eine Umkehrung des freien Falles stellt der senkrechte Wurf nach oben dar, z. B. das Spritzen mit einem Strahlrohr senkrecht nach oben.

Die Wasserteilchen bewegen sich mit gleichmäßig verzögerter Bewegung nach oben. Nach oben werden die Wasserteilchen mit der Austrittsgeschwindigkeit geschleudert, nach unten wirkt die Erdanziehungskraft.

Beträgt die Geschwindigkeit 0 hat der Wasserstrahl die größte Höhe erreicht.

Die Austrittsgeschwindigkeit beträgt bei B- und C-Rohren ca. 30 m/s.

Mit Hilfe der Formel $v = \sqrt{2\,gh}$ kann bei bekannter Ausströmungsgeschwindigkeit die Wurfhöhe berechnet werden. Theoretisch ließe sich also eine Wurfhöhe erreichen von

$$h = \frac{v^2}{2\,g}, \quad h = \frac{900}{19{,}62} = 46\ \text{m}.$$

Diese Formel ergibt sich aus der Umformung von $v = \sqrt{2\,gh}$.

Aus eigener Erfahrung wird jeder Leser wissen, daß solche Werte nie erreicht werden. Der Grund liegt in der schnellen Auflösung des Strahles, in Reibungsverlusten innerhalb des Wasserstrahles und am Luftwiderstand.
Aus dem Vergleich zwischen dem theoretisch errechneten Wert und den tatsächlich zu erreichenden Höhen von ca. 20 m bis 30 m lassen sich die Verluste durch die oben angeführten Einflüsse klar erkennen.
Da ein senkrecht nach oben gerichteter Strahl außerdem noch durch die nach unten fallenden Wasserteilchen gebremst wird, erreicht man die größte Wurfhöhe bei einem Anstellwinkel von 80°.

3.5. Zusammengesetzte Bewegung - Schiefer Wurf

Viele Bewegungsvorgänge, sowohl im täglichen Leben als auch in der Technik, verlaufen als zusammengesetzte oder überlagerte Bewegungen. Bei einem Boot, das mit Motorkraft flußabwärts fährt, überlagert sich die Fahrgeschwindigkeit des Bootes mit der Stromgeschwindigkeit, fliegt ein Flugzeug mit dem Wind, überlagern sich Flugzeug- und Windgeschwindigkeit.
Erfolgen die Bewegungen in gleicher Richtung, so addieren sich die Geschwindigkeiten, erfolgen sie entgegengesetzt, subtrahieren sie sich. Die Berechnung erfolgt also wie bei der Addition oder Subtraktion von Kräften.
Führt ein Körper jedoch gleichzeitig Bewegungen in zwei Richtungen aus, überquert ein Boot einen Fluß, fliegt ein Flugzeug quer zum Wind, hebt und dreht ein Kran gleichzeitig eine Last, muß eine andere rechnerische Darstellung des tatsächlichen Weges angewendet werden.
Nachdem für Bewegungen in gleicher Richtung die Gesetze gelten, die für Kräfte gelten, müssen auch für Bewegungen in verschiedenen Richtungen die Gesetze gelten, die für die Zusammensetzung von Kräften in verschiedenen Richtungen angewendet werden.

Während bei Kräften vom Parallelogramm der Kräfte gesprochen wird, spricht man hier vom **Parallelogramm der Bewegungen** oder der Wege.
Ein Boot, das senkrecht zur Flußrichtung den Fluß überquert, wird während der Überquerung um eine bestimmte Strecke BC abgetrieben.

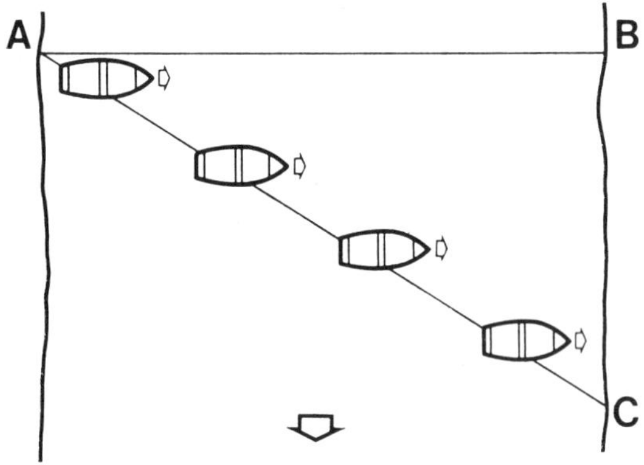

Der tatsächliche Weg ist also die Strecke AC.

Die Zeit zur Überquerung betrage allgemein t Sekunden.
Das Endergebnis muß theoretisch gleich bleiben, wenn das Boot in der gleichen Zeit zuerst den Weg AB und dann den Weg BC zurücklegt.
Für Berechnungen wendet man diesen Gedanken an, man spricht von der Unabhängigkeit der Bewegungen und denkt sich die Bewegungsvorgänge nacheinander ablaufend.
Für das Beispiel der Flußüberquerung ist dann folgender Rechnungsgang anzuwenden:

Flußbreite	60 m
Fließgeschwindigkeit	$2 \frac{m}{s}$
Bootsgeschwindigkeit	$4 \frac{m}{s}$

daraus ergibt sich eine rechnerische Übersetzzeit ohne Berücksichtigung der Abtrift von 15 s.

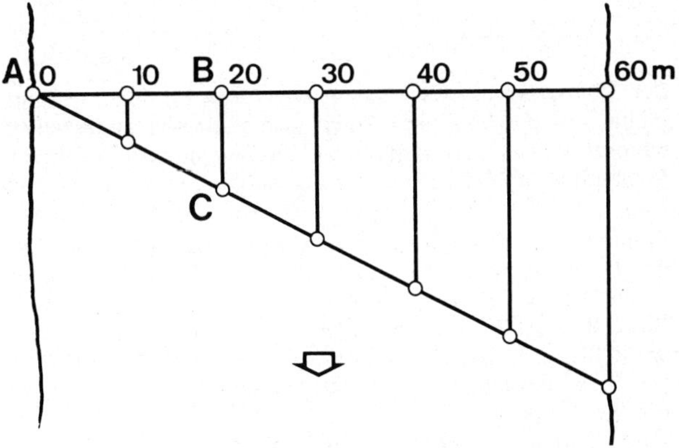

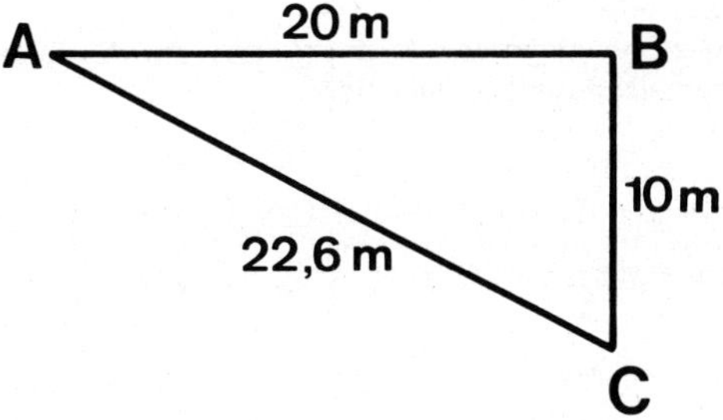

Nach 5 s beträgt die Abtrift $5\,s \cdot 2\ \frac{m}{s} = 10\ m$

Das Boot befindet sich nach 5 s am Punkt C und hat den Weg AC zurückgelegt. Zeichnerisch lassen sich die Wege als Dreieck aufzeichnen.
Durch die Wahl eines entsprechenden Maßstabes läßt sich der tatsächlich zurückgelegte Weg und damit die tatsächlich gefahrene Geschwindigkeit ermitteln.

$$v_{tats.} = \frac{22{,}6}{5} = 4{,}52 \left[\frac{m}{s}\right]$$

Zur Überquerung des Flusses senkrecht zur Fließrichtung müßte entsprechend ein Punkt stromaufwärts angesteuert werden. Der Winkel zwischen Flußbreite und zu fahrender Richtung wird Gierwinkel oder Gierstellung genannt.

Anhand der vorausgegangenen Ausführungen wird nun der Bewegungsvorgang bzw. der Weg der Wasserteilchen eines B- oder C-Rohres untersucht.
Die Wasserteilchen bewegen sich in zwei Richtungen:

- in Richtung des Anstellwinkels des Rohres; mit gleichförmiger Bewegung, hervorgerufen durch die Strömungsgeschwindigkeit.
- senkrecht nach unten; durch die Wirkung der Erdanziehung.

Beide Geschwindigkeiten sind bekannt, die Wurfbahn läßt sich also zeichnerisch bestimmen.

Anstellwinkel		$45°$
Ausströmungsgeschwindigkeit	z. B.	$30\ \frac{m}{s}$
Fallbeschleunigung		$9{,}81\ \frac{m}{s^2}$

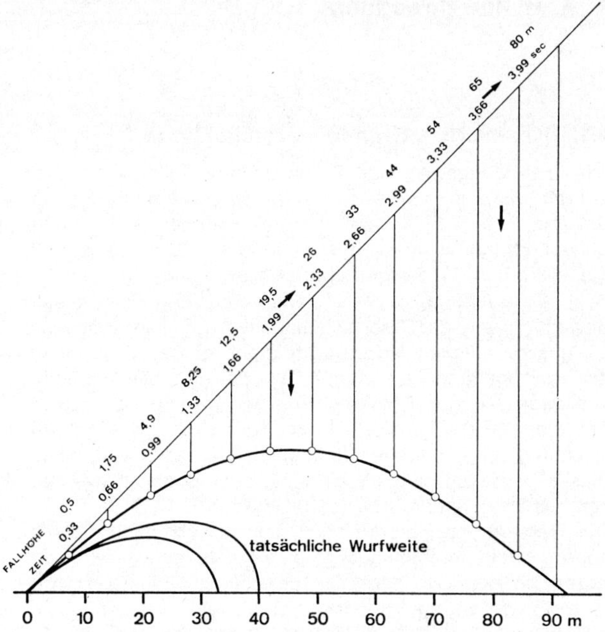

Auch hier treten in der Gegenüberstellung die Verluste durch Reibung, Luftwiderstand und Strahlauflösung klar hervor.

4. Kraft und Bewegung

4.1. Dynamisches Grundgesetz und Masse

Alle Bewegungsvorgänge in Natur und Technik beruhen auf der Wirkung von Kräften auf die zu bewegenden Körper. So ist z. B. für die Bewegung eines Fahrzeuges Zug- oder Schubkraft notwendig, bei motorlosen Fahrzeugen die Muskelkraft, bei motorgetriebenen Motorkraft.
Das in Bewegung zu versetzende Fahrzeug setzt dieser Bewegung von der Geschwindigkeit 0 auf eine bestimmte Endgeschwindigkeit jedoch Widerstand entgegen. In einem der vorangegangenen Kapitel wurde eine Geschwindigkeitsänderung pro Zeiteinheit als Beschleunigung bezeichnet. Man kann sagen, der Körper widersetzt sich einer Beschleunigung und versucht in seinem Zustand zu verbleiben. Dieses Verhalten wird als **Trägheit** oder **Beharrungsvermögen** des betreffenden Körpers bezeichnet.
Die Trägheit von Körpern kann man am eigenen Leib verspüren. Bei Beschleunigung eines Fahrzeuges wird der Körper in den Sitz gedrückt, bremst das Fahrzeug, oder fährt es gar auf ein Hindernis, so bewegt sich der Körper mit der gleichen Geschwindigkeit weiter, der Fahrzeuginsasse wird gegen die Windschutzscheibe geschleudert.
Eine Kiste mit hochliegendem Schwerpunkt, die auf der Ladefläche eines LKW steht, fällt beim zu starken Beschleunigen während des Anfahrens nach hinten um, bei zu starkem Bremsen stürtzt sie auf das Führerhaus.
Die Ladung eines LKW rutscht beim Beschleunigen gegen die hintere Bordwand, beim Bremsen gegen das Führerhaus, all dies sind Beispiele für die Trägheit von Körpern. Diese Tatsachen wurden von einem der größten Physiker, von Isaac Newton (1643–1727) in einem physikalischen

Gesetz niedergelegt, das als **Dynamisches Grundgesetz** bezeichnet wird.

Jeder Körper verharrt im Zustand der Ruhe oder der gleichförmigen Bewegung auf geradliniger Bahn, wenn er nicht durch äußere Kräfte zur Änderung dieses Bewegungszustandes gezwungen wird.

Auf Grund dieses Gesetzes muß zwangsläufig ein Zusammenhang zwischen Kraft und Bewegung bestehen.
Eine Kraft von bestimmter Größe erteilt einem Körper mit einer bestimmten Masse eine bestimmte Geschwindigkeit. Durch Versuche fand man heraus, daß durch Verdoppelung der Antriebskraft auch die Beschleunigung verdoppelt wird. Eine Verdreifachung der Antriebskraft ergibt eine Verdreifachung der Beschleunigung, usw.
Das Verhältnis von Kraft zu Beschleunigung bleibt also gleich oder

$$\frac{\text{Kraft}}{\text{Beschleunigung}} = \text{konstant.}$$

Wird der Versuch mit einem Fahrzeug von größerer Masse durchgeführt, ändern sich zwar die Zahlenwerte, das Verhältnis Kraft zu Beschleunigung bleibt jedoch gleich. Die Zahl, die sich aus dem Verhältnis ergibt, stellt ein Maß für die Trägheit dar und wird als **Masse** (m) des betreffenden Körpers bezeichnet.
In der Sprache der Physik, d. h. in Form einer Formel schreibt man

$$m = \frac{F}{a} \text{ oder } \mathbf{F = m \cdot a}$$

Eine Kraft, die einem Körper mit der Masse 1 kg eine Beschleunigung von $1\frac{m}{s^2}$ erteilt, wird als $1\frac{kg\,m}{s^2}$ oder 1 **Newton** bezeichnet.

Diese theoretische Überlegung bekommt erst dadurch Gewicht, daß sämtliche elektrischen Arbeitseinheiten **direkt** von der Maßeinheit Newton abgeleitet werden.

Am besten läßt sich der Zusammenhang zwischen Kraft und Beschleunigung anhand des freien Falles demonstrieren.
Die Fallbeschleunigung beträgt, wie bereits bekannt $9{,}81 \frac{m}{s^2}$, die Zugkraft stellt die Gewichtskraft des Körpers dar, auf den die Erdbeschleunigung wirkt.

Es läßt sich also schreiben

$$\frac{\text{Gewichtskraft}}{\text{Erdanziehung}} = \text{Masse} \qquad \frac{F_G}{g} = m$$

Die Maßeinheit (Dimension) lautet

$$\frac{\frac{mkg}{s^2}}{\frac{m}{s^2}} = \frac{mkg}{s^2} \cdot \frac{s^2}{m} = kg$$

Dieses kg ist die altbekannte Einheit der Stoffmenge!

Für unsere Rechnung kann man ohne weiteres schreiben:

Masse $= \frac{\text{Gewichtskraft}}{10}$ oder Gewichtskraft = Masse (Stoffmenge) $\cdot$ 10

Nach DIN 14502 Blatt 2 muß ein Feuerwehrfahrzeug in 40 s eine Geschwindigkeit von $60 \frac{km}{h}$ erreichen.

Mit Hilfe der Formel $F = m \cdot a$ läßt sich nun die Zugkraft des Motors berechnen.

Masse des Fahrzeuges: 10 000 kg
Beschleunigung:

$$\frac{\text{Geschwindigkeit}}{\text{Zeit}} \quad \frac{\frac{m}{s}}{s}$$

$$60\,\frac{km}{h} = 60 : 3{,}6\,\frac{m}{s} = 16{,}6\,\frac{m}{s}$$

$$\frac{16{,}6}{40} = \mathbf{0{,}415}\ \frac{\mathbf{m}}{\mathbf{s^2}}$$

$$\begin{aligned}\text{Zugkraft} &= \text{Masse} \cdot \text{Beschleunigung}\\ &= 10\,000 \cdot 0{,}415\ kg \cdot \frac{m}{s^2}\\ &= 4\,150\,\frac{kgm}{s^2}\\ &= \mathbf{4\,150\ N}\end{aligned}$$

Die Zugkraft des Motors muß also 4 150 N betragen.

Muß dieses Fahrzeug abgebremst werden, so ist umgekehrt eine Bremskraft von 4150 N erforderlich. Der Zugkraft entgegen wirkt in der Praxis jedoch die Reibungskraft oder allgemein der Fahrwiderstand. Im Fahrwiderstand werden alle Größen zusammengefaßt, die der Beschleunigung entgegenwirken (Reibung, Fahrtwind, Straßenbeschaffenheit usw.).

So läßt sich ein Schienenfahrzeug auf ebenen Schienen leichter bewegen als ein Straßenfahrzeug in losem Sand.
Wie die Reibung, wird auch der Fahrwiderstand durch eine dimensionslose Zahl kleiner als 1 angegeben.
Aus der Gewichtskraft und der Fahrwiderstandszahl errechnet man den Fahrwiderstand in N.

Fahrwiderstand = Fahrwiderstandszahl · Gewichtskraft

$$\mathbf{W = \mu \cdot F_G}$$

Einige Beispiele für Fahrwiderstandszahlen

Auto auf Asphalt	0,01	Schienenfahrzeug	
Auto auf Sand	0,15	auf Schienen	0,005

z. B. Löschfahrzeug 100 MN Gewichtskraft,
Fahrwiderstand auf Asphalt 100 · 0,01 = 1 MN
auf Sand 100 · 0,15 = 15 MN

Die Kraft zur Überwindung des Fahrwiderstandes muß zusätzlich zur Zugkraft aufgewendet werden.

Für das aufgeführte Beispiel ergibt sich
Zugkraft = Fahrwiderstand + Masse · Beschleunigung

F = W + m · a
F = 1 MN + 4,15 MN
F = **5,15 MN auf Asphaltfahrbahn**
oder
F = 15 MN + 4,15 MN
= **19,15 MN auf Sandboden**

Genau die gleichen Erkenntnisse gelten auch für das Aufziehen von Lasten, mit dem Unterschied, daß hier der Fahrwiderstand gleich der Gewichtskraft des zu hebenden Teiles ist.

4.2. Kraft und Drehbewegung

Bei den bisher behandelten Bewegungsvorgängen verursachten Kräfte stets eine Beschleunigung oder Verzögerung des betreffenden Körpers.
Ein Fahrzeug wird durch Motorkraft beschleunigt oder durch Bremskraft verzögert.
Die Kräfte wirken immer in oder entgegengesetzt der Bewegungsrichtung.

Bewegt sich dagegen ein Körper auf einer Kreisbahn, so tritt **zusätzlich** zur Beschleunigungskraft eine Kraft auf, die **senkrecht** zur Beschleunigungskraft wirkt. Diese Kraft ist jedem Autofahrer von Kurvenfahrten her bekannt.

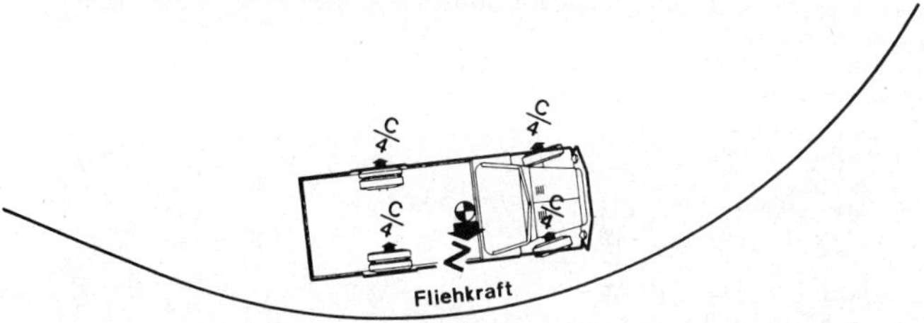

Sie wird als **Flieh- oder Zentrifugalkraft** bezeichnet. Da auch hier das Prinzip **Kraft = Gegenkraft** gilt, muß eine weitere Kraft gleich groß der Fliehkraft, aber in entgegengesetzter Wirkung wirken. Diese Kraft, die den Körper auf der Kreisbahn halten muß, wird als **Zentripetalkraft** bezeichnet.

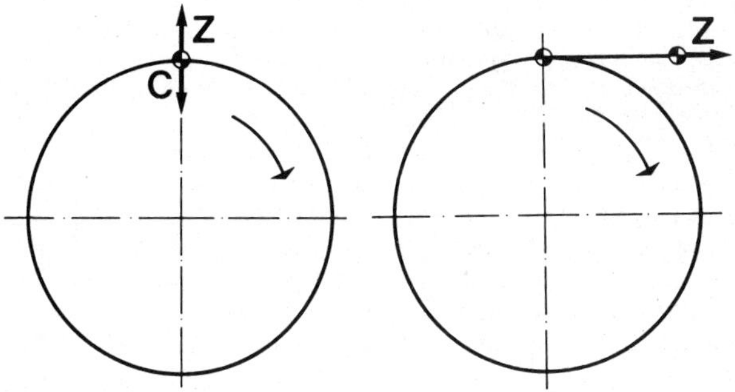

Fehlt diese Kraft, so bewegt sich der Körper aus der Kreisbahn geradlinig weiter.
Die Zentripetalkraft stellt beim Kraftfahrzeug die Reibung zwischen Reifen und Boden dar. Wird die Fliehkraft größer als die Reibkraft, so schleudert das Fahrzeug aus seiner Kreisbahn.

Die Bewegung von Körpern, die sich aus der kreisförmigen Bahn bewegen, kann man deutlich am Funkenflug bei Schleifscheiben erkennen.
Aus der Zerlegung von Bewegungen ist bekannt, daß **eine** Bewegung in 2 Bewegungen zerlegt werden kann, wenn diese 2 Bewegungen das gleiche Ergebnis bringen.
Auf das Beispiel der Drehbewegung angewandt ergibt sich eine Zerlegung nach folgendem Schema:
Beim Fehlen der Kraft, die den Körper in der Kreisbahn hält, bewegt sich dieser geradlinig weiter. Nach einer bestimmten Zeit befindet er sich am Punkt A. Will man ihn auf die alte Kreisbahn zurückbringen, so muß der Körper in Richtung zum Kreismittelpunkt beschleunigt werden.

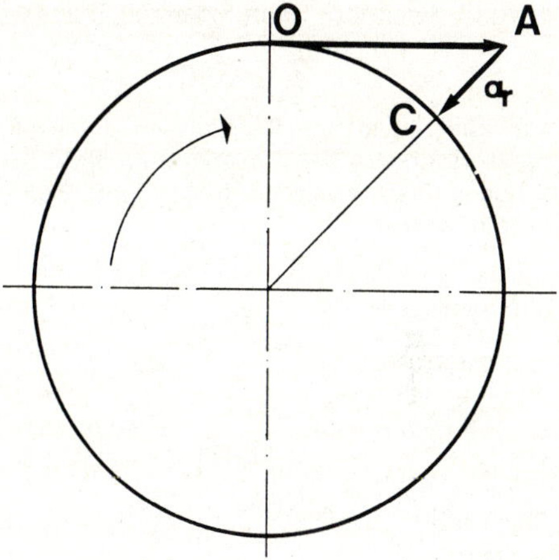

So wie für die Zugkraft auf geradliniger Bahn die Beschleunigung bekannt sein muß, so wird auch für die Berechnung der Zentripetalkraft (für die Kraft, die den Körper wieder auf die Kreisbahn zwingt) die Kenntnis dieser Beschleunigung nötig. Sie hängt ab von Radius, Geschwindigkeit und Masse des Körpers.

Auf die Ableitung der Formel soll hier verzichtet werden. Die Formel selbst lautet:

$$\text{Radialbeschleunigung} = \frac{\text{Geschwindigkeit}^2}{\text{Radius}}$$

$$\mathbf{a_r} = \frac{\mathbf{v^2}}{\mathbf{r}}$$

Eingesetzt in Zugkraft $F = m \cdot a$ ergibt sich für die Zentripetalkraft

$$\mathbf{C} = \mathbf{m} \cdot \mathbf{a_r} = \mathbf{m} \cdot \frac{\mathbf{v^2}}{\mathbf{r}}$$

Da diese Kraft gleich der Zentrifugalkraft Z ist, ergibt sich:

$$\mathbf{Z = C = m \cdot \frac{v^2}{r}}$$

Berechnet man mit diesen Kenntnissen die Kraft, die auf ein Feuerwehrfahrzeug bei Kurvenfahrten wirkt und welche Mindestreibungskraft zwischen Reifen und Boden wirken muß, so ergibt sich:

$$Z = C = m \cdot \frac{v^2}{r}$$

Masse 10 t

Geschwindigkeit $40 \frac{km}{h} = 11{,}1 \frac{m}{s}$

Kurvenradius $= 30$ m

$$Z = 10\,000 \cdot \frac{123{,}2}{30} \quad \left[\frac{kg \cdot \left(\frac{m}{s}\right)^2}{m}\right] = N$$

Z = 41 066 N

Die Haftreibungszahl zwischen Beton trocken und Reifen beträgt 0,7

$R = \mu \cdot F_G$ [N]

$R = 0{,}7 \cdot 100\,000$

R = 70 000 N = 70 kN

Das Fahrzeug rutscht also bei dieser Geschwindigkeit noch nicht. Diese Berechnung bezieht sich nur auf die Flieh- bzw. Zentipetalkraft, sie macht keine Aussage darüber, ob das Fahrzeug auf Grund von Höhenlage des Schwerpunktes und Spurweite nicht kippt.

Bei den Laufrädern von Feuerlöschkreiselpumpen treten durch die hohen Drehzahlen und die dadurch sich ergebenden hohen Umfangsgeschwindigkeiten große Kräfte im Material auf, wie die Beispiele von zerrissenen Laufrädern zeigen, wenn diese durch Beschädigungen nicht mehr die volle Belastung auszuhalten vermögen.

Auf den Laufradausschnitt einer Feuerlöschkreiselpumpe, der 0,5 kg wiegt, wirkt bei einem Durchmesser von 15 cm und einer Drehzahl von 2500 $\frac{1}{min}$ eine Fliehkraft von 2561 N.

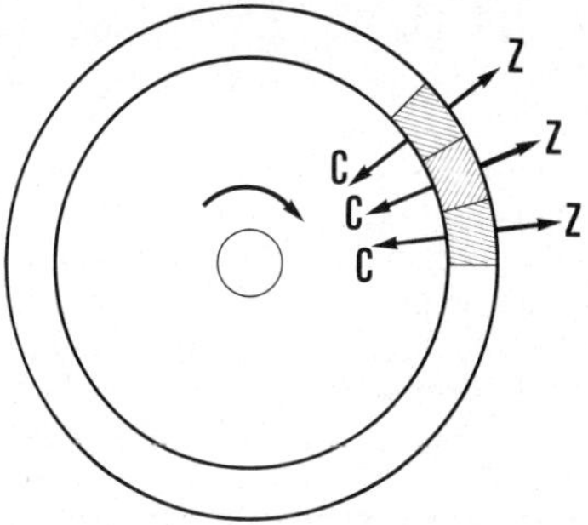

Würde sich die Drehzahl verdoppeln (momentanes Durchgehen des Motors), so ergäbe sich eine Fliehkraft von 10244 N.
Die Fliehkraft steigt also **quadratisch** zur Drehzahl.
Umfangsgeschwindigkeit

$$v = d \pi n \left[\frac{m}{s}\right]$$

$$v = 0{,}15 \cdot 3{,}14 \cdot 41{,}66 \qquad v = 0{,}15 \cdot 3{,}14 \cdot 83{,}33$$

$$\mathbf{v = 19{,}6 \frac{m}{s}} \qquad \mathbf{v = 39{,}2 \frac{m}{s}}$$

$$Z = m \frac{v^2}{r}$$

$$Z_{2500} = 0{,}5 \cdot \frac{19{,}6^2}{0{,}075} \qquad Z_{5000} = 0{,}5 \cdot \frac{39{,}2^2}{0{,}075}$$

$$\mathbf{Z_{2500} = 2\,561\ N} \qquad \mathbf{Z_{5000} = 10\,244\ N}$$

5. Mechanische Energie

5.1. Mechanische Arbeit

Der Begriff der **Arbeit,** wie er im täglichen Leben angewendet wird, entspricht nicht immer der Arbeit im physikalischen Sinn.

In den vergangenen Kapiteln wirkten immer Kräfte auf Körper, dabei haben diese Kräfte Form- oder Bewegungsänderungen hervorgerufen. Sowohl Form- als auch Bewegungsänderungen ergeben eine Verschiebung des Angriffspunktes längs der Wirkungslinie. Der Angriffspunkt verschiebt sich in Richtung der Kraftwirkungslinie.

Bei einem Fahrzeug, das mit Hilfe einer Seilwinde gezogen wird, stellt die Anhängekupplung den Angriffspunkt der Kraft dar, das Fahrzeug bewegt sich unter dem Einfluß der Zugkraft auf das Zugfahrzeug zu. Die Zugkraft wirkt so lange, bis das Fahrzeug wieder auf die Straße gezogen ist oder allgemein gesagt, über eine Strecke oder einen bestimmten Weg.

Der Zusammenhang von Kraft und Weg dient als Maß und wird als **Arbeit** bezeichnet.

Wirkt eine Kraft über einen bestimmten Weg, so vollbringt sie Arbeit oder

Arbeit = Kraft · Weg $\qquad$ $\mathbf{W = F \cdot s}$

Aus den beiden Größen ergibt sich auch die Maßeinheit durch Multiplikation von Kraft in N und Weg in m.

Maßeinheit der Arbeit Nm oder Joule (J)*

Wirkt eine Kraft von 100 N über eine Strecke von 1 m, so ergibt sich eine Arbeit von 100 Nm. Wirkt die Kraft über einen Weg von 2 m, so ergibt sich eine Arbeit von 200 Nm.

---

* Sprich französisch wie dschul, auch gebräuchlich englisch wie dschaul.

Die Angabe von z. B. 200 Nm läßt jedoch andererseits nicht erkennen, welche Kraft über welche Strecke gewirkt hat, so ergeben sowohl 200 · 1 oder 100 · 2 oder 50 · 4 200 Nm. Diese Erkenntnis ist für die Beurteilung aller Hebe- und Zuggeräte, die im Kapitel 7 behandelt werden, von größter Bedeutung.
Bei der Berechnung der Arbeit spielt die Richtung der Kraft keinerlei Rolle. Arbeit wird also auch genauso vollbracht wenn ein Körper eine bestimmte Strecke senkrecht nach oben gehoben wird. Bleibt der Körper in dieser gehobenen Lage, so ist in diesem Körper die zum Heben aufgewendete Kraft gespeichert. Fällt er in die Ausgangssituation zurück, ist er in der Lage, Arbeit zu vollbringen.

Die gespeicherte Arbeit wird **Energie** genannt. Da sich diese Energie in einer bestimmten Höhe befindet, nennt man sie **Energie der Lage** oder **potentielle Energie.**
Ein Prüfkörper zur Prüfung des Sprungtuches, Masse 48,5 kg, (Gewichtskraft 485 N) wird auf eine Höhe von 11 m gehoben, die Hubarbeit beträgt also 485 N · 11 m = 5335 Nm. Nach dem Ausklinken fällt der Körper in das Sprungtuch und verrichtet Arbeit, z. B. Zerstörungsarbeit, wenn das Sprungtuch nicht mehr die nötige Festigkeit aufweist und reißt. Da sich der Prüfkörper in Bewegung befindet, spricht man hier jedoch von **Energie der Bewegung** oder von **kinetischer Energie.**

Ein weiteres Beispiel stellt ein Wasserreservoir dar. Das Wasser wird auf eine bestimmte Höhe gepumpt und besitzt dort Energie der Lage. Wird Wasser entnommen, fließt dieses zum Verbraucher und tritt mit einem bestimmten Druck aus der Leitung. Dieser Druck wird hervorgerufen durch den Höhenunterschied zwischen Verbraucher und Speicheranlage.
Eine Feuerlöschkreiselpumpe, die 800 l, 1600 l oder 3200 l jeweils 80 m hoch fördert, vollbringt eine Arbeit von 64 000 Nm, 1 280 000 Nm, 2 560 000 Nm.

Ein Kranwagen, der ein Fahrzeug von 15 t Masse aus einem Graben von 5 m Tiefe hebt, vollbringt eine Hubarbeit von 150 MN · 5 m = 750 MNm.

Die Wirkung einer Kraft längs eines Weges, ausgedrückt in Nm, gilt nur für die gleichförmige Bewegung.
Beschleunigt man einen Körper, so wird Beschleunigungsarbeit vollbracht. Die bereits bekannte Formel für die Zugkraft bei Beschleunigung lautet

Zugkraft = Masse · Beschleunigung oder $F = m \cdot a$.

Damit ergibt sich folgende Formel für die Beschleunigungsarbeit

Arbeit Zugkraft
$W = F \cdot s$ $F = m \cdot a$
Beschleunigungsarbeit
$W = m \cdot a \cdot s$
Zwischen Weg und Geschwindigkeit besteht Zusammenhang über die Formel
$V = \sqrt{2\,gh}$ oder gleichbedeutend $v = \sqrt{2\,a\,s}$
umgeformt ergibt sich daraus

$$a = \frac{v^2}{2\,s}$$

Setzt man diese Werte in die Formel ein, so ergibt sich für die Beschleunigungsarbeit

$$W = m \cdot \frac{v^2}{2\,s} \cdot s$$

oder

$$\mathbf{W = \frac{m \cdot v^2}{2}}$$

Wird ein Löschfahrzeug in 40 s von 0 km/h auf 60 km/h beschleunigt, so ergibt sich eine Beschleunigungsarbeit von

$$W = \frac{1}{2} \cdot 10\,000 \cdot 16{,}6^2 \quad \left[kg \cdot \frac{m}{s^2}\right]$$

W = 2.755.600 Nm = 2.755,6 kNm

Die Überlegungen, die für den Kraftaufwand auf geradliniger Bahn gelten, gelten auch für die Wirkung einer Kraft auf einer Kreisbahn.
Bei Hubbewegungen, die mit Winden ausgeführt werden, wirkt die Kraft des Bedienungsmannes auf die Kurbel, die sich auf einer Kreisbahn bewegt. Nimmt man als idealen Fall eine stets in Richtung der Kreisbahn wirkende Kraft, so ergibt sich die Hubarbeit aus der Kraft an der Kurbel multipliziert mit dem Umfangsweg, den die Kurbel beschreibt ($U = d \cdot \pi$).

Wird eine Last einmal von Hand auf eine bestimmte Höhe gebracht, z. B. 1 MN auf eine Höhe von 40 cm durch 10 Mann oder durch eine Winde ebenfalls auf 40 cm, so ist der Aufwand an Arbeit vollkommen gleich.
Am Endergebnis, 1 MN um 40 cm gehoben, hat sich nichts geändert. Diese Erkenntnis führt zu einer der wichtigsten Erkenntnisse der Mechanik überhaupt, zur

Goldenen Regel der Mechanik

5.2. Goldene Regel der Mechanik

Wie das aufgezeigte Beispiel zeigt, kann bei 2 Vorgängen, bei denen das Endergebnis das gleiche ist, keinerlei Arbeit gespart werden: **Kraft · Weg** bleibt immer gleich.

Der Vorteil aller Hebegeräte liegt lediglich in einer günstigen Verteilung von Kraft und Weg in einem Verhältnis, das den Kraftaufwand entsprechend niedrig hält.
Als Grundüberlegung gilt, da das Produkt der Arbeit aus den Faktoren Kraft und Weg besteht, daß alles, was an Kraft gespart wird, auf Kosten des Weges geht.

Kraft · Weg	= Kraft · Weg
N · m	N · m
Arbeit	Arbeit

Dazu ein Beispiel:
Durch den Einsatz, einmal einer Winde, einmal von 10 Mann, wird eine Last (Gewichtskraft) von 10 000 N um 0,4 m gehoben. Ergebnis: beide Male ein Arbeitsaufwand von 4 000 Nm.
Während die 10 Mann mit der Last 10 000 N einen Weg von 0,4 m zurückgelegt haben, muß der Mann mit der Winde folgenden Weg zurücklegen:

Kurbellänge z. B. 35 cm

Weg pro Umdrehung $U = d \cdot \pi$,

$$U = 0{,}7 \cdot 3{,}14$$
$$U = 2{,}2 \text{ m}$$

Wird die Last pro Umdrehung um 4 mm gehoben, so müssen insgesamt 100 Umdrehungen ausgeführt werden, um die Last 40 cm zu heben.
Dies ergibt bei 2,2 m/Umdrehung einen Weg von 220 m.
Da beide Male eine Arbeit von 4000 Nm vollbracht wird, ergibt sich nach der goldenen Regel der Mechanik eine Kraft von

$$10\,000 \text{ N} \cdot 0{,}4 \text{ m} = x \text{ N} \cdot 220 \text{ m}$$
$$x = 18{,}2 \text{ N}$$

Die Einheiten, sowohl für die Arbeit, als auch für die Energie der Lage lauten jeweils Nm. Daraus ergibt sich, daß auch die Energie der Bewegung in Nm gemessen werden muß, da ja bei diesem Vorgang, z. B. beim Fall eines Körpers, bei dem sich die Energie der Lage in Energie der Bewegung umsetzt, die Maßeinheit nicht ändern kann.
Für einen Gegenstand oder speziell für ein Fahrzeug, kann man mit Hilfe der Formel für die Beschleunigungsarbeit, die auf Kraft und Geschwindigkeit aufgebaut ist ($W = m \cdot \frac{v^2}{2}$), für jede beliebige Geschwindigkeit die Energie der Bewegung des betreffenden Fahrzeuges berechnen.
Ein PKW mit einem Gesamtgewicht von 2000 kg, der mit einer

Geschwindigkeit von 50 km/h auf ein Hindernis fährt, besitzt eine Energie von

$$E = \frac{m \cdot v^2}{2} \qquad 50\,\frac{km}{h} = 13{,}9\,\frac{m}{s}$$

$$E = \frac{2000 \cdot 193}{2} \left[kg \cdot \frac{m}{s^2} \cdot m\right]$$

E = 193 000 Nm

Diese Energie von 193000 Nm kann man nun umrechnen in Energie der Lage oder, was hier mehr interessiert, man kann daraus die Höhe berechnen, aus der das Fahrzeug fallen müßte, um die gleiche Energie zu erreichen.

$$E = F_G \cdot h$$

$$h = \frac{E}{F_G}$$

$$h = \frac{193000}{20000}$$

h = 9,65 m

Ein Auffahrunfall bei einer Geschwindigkeit von 50 km/h entspricht also einem Fall aus einer Höhe von rund 9,65 m. Diese Höhe entspricht der Höhe von 3 Obergeschossen eines Neubaues.
Fährt das Fahrzeug mit der doppelten Geschwindigkeit auf das Hindernis, so ergibt sich nicht nur eine Verdoppelung der Energie, sondern

$$E = \frac{2000 \cdot 772{,}8}{2} \qquad 100\,\frac{km}{h} = 27{,}8\,\frac{m}{s}$$

E = 772 800 Nm

Daraus ergibt sich eine Fallhöhe von

$$h = \frac{772\,800}{20\,000}$$

h = 38,64 m.

Die Fallhöhe entspricht der Höhe eines 12stöckigen Hauses. Ein Vergleich der beiden Höhen läßt erkennen, daß die Energie **nicht linear** (fortschreitend), **sondern quadratisch** ansteigt, d. h. bei Verdoppelung der Geschwindigkeit steigt die Energie auf das Vierfache, woraus sich die verheerenden Folgen von Auffahrunfällen bei größeren Geschwindigkeiten ergeben.

5.3. Mechanische Leistung

Zum direkten Vergleich von Arbeitsvermögen fehlt jedoch noch eine weitere Angabe, da ja in der Angabe der Arbeit in Nm keinerlei Hinweis auf die Zeit enthalten ist, die zum Vergleich notwendig wird.

Der Kraftaufwand wird überlegungsmäßig erheblich verschieden sein, je nachdem ob z. B. 100 Nm in einer Minute oder in einer Stunde vollbracht, oder wie jetzt bezeichnet **geleistet** werden.

Die Definition lautet also

$$\text{Leistung} = \frac{\text{Arbeit}}{\text{Zeit}} \qquad P = \frac{W}{t}$$

Maßeinheit der Leistung $\frac{\text{Nm}}{\text{s}}$ oder $\frac{\text{J}}{\text{s}}$ oder Watt (W)

Heben 10 Mann wie im vorausgegangenen Beispiel eine Masse von 1000 kg in 10 s 40 cm hoch, so ergibt sich eine Leistung von

$$P = \frac{W}{t}$$

$$P = \frac{10\,000 \cdot 0{,}4}{10}$$

$$\mathbf{P = 400\ \frac{Nm}{s}}$$

Zum Bewegen der Masse 1000 kg ist eine Kraft von 10000 N notwendig!

Der Mann, der die Last mit Hilfe einer Winde in z. B. 100 s hebt (pro Sekunde 1 Umdrehung),

bringt eine Leistung von

$$P = \frac{4000}{100} \quad \left[\frac{Nm}{s}\right]$$

$$\mathbf{P = 40} \quad \left[\frac{\mathbf{Nm}}{\mathbf{s}}\right]$$

Die Formel der Leistung $P = \frac{W}{t}$ kann, da die Arbeit aus dem Produkt Kraft · Weg besteht, auch geschrieben werden als: $P = F \cdot v$.

Diese Schreibweise ergibt sich aus $P = \frac{F \cdot s}{t}$; $\frac{s}{t} = v$

Wie bereits bei der Ableitung von Kraft und Masse erwähnt, bietet die Einführung der Maßeinheit Newton die Möglichkeit, Arbeits- und Leistungseinheiten direkt in elektrische Einheiten und umgekehrt umzurechnen.

1 Nm (Newtonmeter) = 1 Ws (Wattsekunde)

$$\mathbf{1\ \frac{Nm}{s} = 1\ \frac{Ws}{s} = 1\ W}$$

Durch die Angabe der Leistung von Wärmekraftmaschinen in kW erübrigt sich in Zukunft die Angabe der Leistung in PS. Für die Übergangszeit ist zu merken:

1 PS = 736 W
1 kW = 1,36 PS

5.4. Wirkungsgrad

Die bisher gezeigten Überlegungen gingen davon aus, daß jeder Arbeitsaufwand verlustlos in eine andere Form umgewandelt werden kann. In der Praxis tritt dieser Fall jedoch nie auf. Bei jeder Umwandlung treten Verluste auf, sei es durch die Reibung, die Wärme erzeugt, sei es durch Wärmeenergie, die ungenutzt z. B. über den Auspuff eines Verbrennungsmotors abgeleitet wird.

Diese Verluste drückt man durch eine Zahl aus, die man als **Wirkungsgrad** bezeichnet. Diese Zahl gibt den nutzbaren Anteil der Leistung an; da diese nicht verlustlos umgewandelt wird, muß die Zahl kleiner als 1 sein.

Außerdem weist sie als reine Verhältniszahl keinerlei Dimension auf.

$$\text{Wirkungsgrad} = \frac{\text{Nutzbare Energie – Arbeit – Leistung}}{\text{Aufgewendete Energie – Arbeit – Leistung}}$$

Aufgewendete Arbeit oder Leistung wird auch als indizierte, abgegebene Arbeit oder Leistung als effektive bezeichnet.

$$\eta = \frac{\mathbf{W}_n}{\mathbf{W}_a}; \quad \eta = \frac{\mathbf{P}_n}{\mathbf{P}_a} \qquad\qquad \eta = \frac{\mathbf{W}_e}{\mathbf{W}_i}; \quad \eta = \frac{\mathbf{P}_e}{\mathbf{P}_i}$$

Dazu einige Beispiele:

Großtransformator	Wirkungsgrad 0,99
Elektromotor	0,9
Feuerlöschkreiselpumpe	0,65
Dieselmotor	0,4
Dampfmaschine	0,1

Eine Maschine mit einem Wirkungsgrad von 0,4 braucht für eine Nutzlast von 50 kW oder eine Antriebsleistung von

$$P_a = \frac{P_n}{\eta} \qquad P_a = \frac{50}{0{,}4}$$

$$= \mathbf{125\ kW}$$

6. Schiefe Ebene - Keil - Schraube

Eines der ältesten Hilfsmittel zum Heben von Lasten, das bereits im alten Ägypten bekannt war, ist die schiefe Ebene. Diese schiefe Ebene weist die Form eines rechtwinkligen Dreieckes auf, die Seiten werden als Grundlinie, Höhe und Länge bezeichnet.

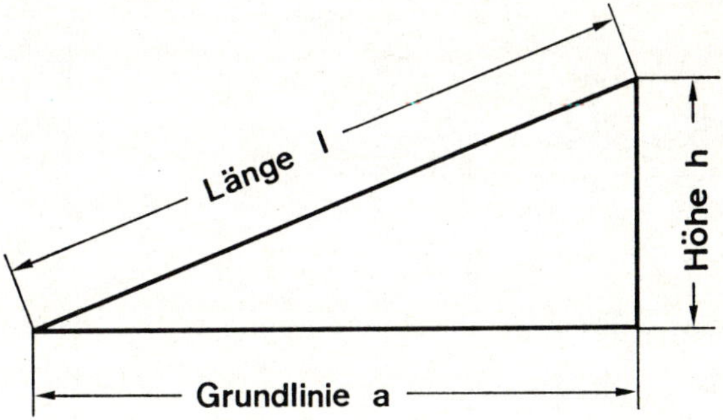

Wird mit Hilfe einer schiefen Ebene ein Körper auf eine bestimmte Höhe gehoben, so muß der Arbeitsaufwand nach der Goldenen Regel der Mechanik gleich sein dem Arbeitsaufwand beim direkten Heben der Last auf die Höhe, die mit der schiefen Ebene erreicht wird.
Führt man Kurzzeichen für die einzelnen Seiten des Dreiecks ein, so läßt sich dieses Überlegungsergebnis in eine Formel kleiden.

Die Schubkraft F muß umso kleiner werden, je länger der Weg s wird oder

$$F \cdot s = F_G \cdot h$$

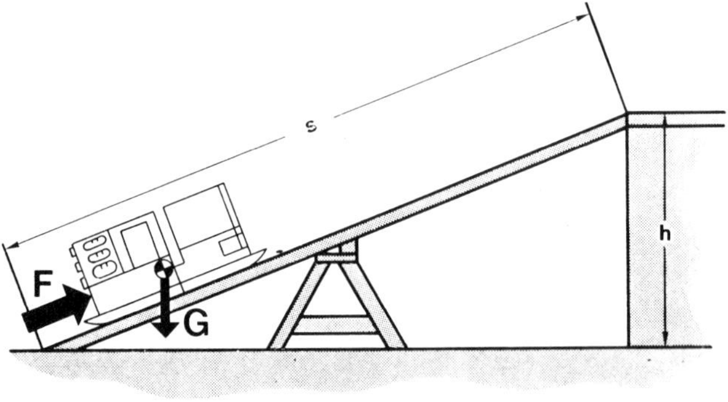

Dazu ein Beispiel:

Zum Verladen eines Notstromaggregates mit einem Gewicht von 2 t wird eine schiefe Ebene mit Bohlen von 6 m Länge verwendet.

Die Höhe der Ladefläche des LKW betrage 1,50 m.
Dazu wird eine Schubkraft von

$$F \cdot 6 = 20\,000 \cdot 1{,}5$$

$$F = \frac{20\,000 \cdot 1{,}5}{6}$$

F = 5000 N notwendig. Zu diesen 5000 N kommt noch der Arbeitsaufwand zur Überwindung der Reibung.

Eine andere Verwendung findet die schiefe Ebene als Keil. Keile werden je nach ihrer Form als symmetrische oder unsymmetrische Keile bezeichnet.

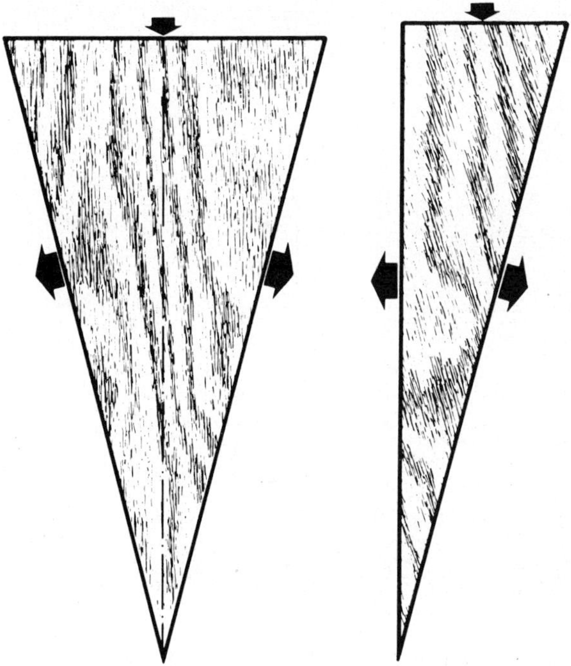

Aus der Form ergibt sich die Verwendung des Keiles. Während der unsymmetrische Keil zum Aufbolzen von Abstützungen, zum Ausheben schwerer Türen usw. Verwendung findet, dient der symmetrische in erster Linie zum

Spalten von Holz oder zum Erweitern von Spalten. Mit Hilfe der Kräftezerlegung kann die zur Wirkung kommende Kraft zeichnerisch ermittelt werden.

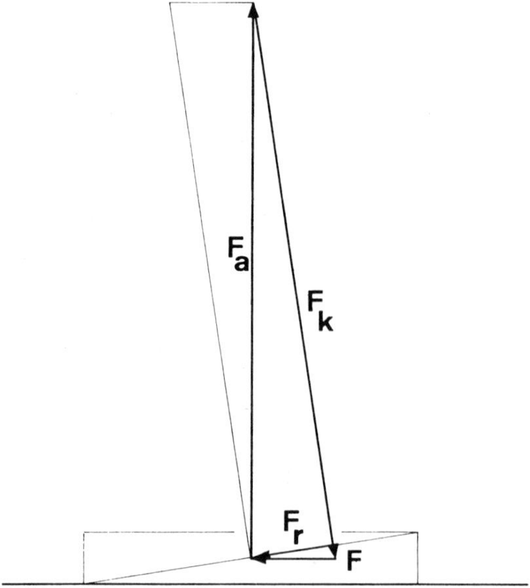

Die auftretende Kraft F, die durch den Druck auf den Keil entsteht, teilt sich auf in die Kräfte F_k senkrecht zur Keilschräge und F_a senkrecht auf die Abstützung.
Mit Hilfe der Arbeitsgleichung Kraft · Weg = Kraft · Weg kann die Abstützkraft auch rechnerisch ermittelt werden.

Hebt der Keil die Abstützung bei einem waagrechten Weg von 20 mm um 3 mm, so ergibt sich bei einer Kraft von 500 N auf den Keil eine Druckkraft auf die Abstützung von

$20 \cdot 50 = x \cdot 7$

$$x = \frac{20 \cdot 500}{3}$$

$$\mathbf{x = 3333\ N}$$

Je geringer die Steigung des Keiles gewählt wird, desto größer wird die Kraft, die erzielt werden kann.
Ein wichtiger Faktor beim Einbringen von Keilen ist die Reibung der Keilseiten mit den Auflageflächen. Während man bei anderen Vorgängen die Reibung möglichst klein zu halten versucht, muß hier eine möglichst große Reibung erzielt werden, um ein Abgleiten zu verhindern.
Keile mit gehobelten oder gar lackierten Oberflächen sind für Aufkeilzwecke völlig unbrauchbar. Ein sauber geschnittener roher Keil eignet sich für solche Zwecke am besten, wie folgendes Beispiel zeigt:
Die Haftkraft F_r der Keilflächen läßt sich aus dem Kräftedreieck mit 47 kp bestimmen. Bei polierten Keilen, die eine Reibungszahl von 0,1–0,3 aufweisen, ergibt sich eine Haftkraft von

$F_r = \mu \cdot F_a$

$F_r = 0{,}1 \cdot 3333$

$\mathbf{F_r = 333\ N}$

Die Haftkraft reicht also nicht aus, um den Keil zu halten. Dagegen kann mit einem rohen Keil eine Reibungszahl von 0,4–0,5 erreicht werden. Daraus ergibt sich eine Haftkraft von

$F_r = 0{,}4 \cdot 3333$

$\mathbf{F_r = 1333\ N}$

d. h. erst bei einer Kraft von 1333 N in Richtung der Keilschräge rutscht die Abstützung vom Keil.

Beim symmetrischen Keil ergibt sich die Kraft auf das zu spaltende Material ebenfalls mit Hilfe der Kräftezerlegung. Kraft am Keil wieder 500 N.
Die auftretende Kraft, rechtwinklig zur Keilfläche beträgt 850 N bzw. 1300 N.

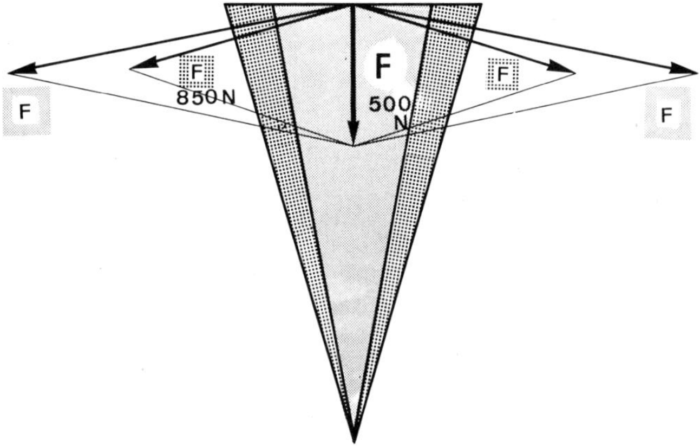

Hierbei läßt sich der Einfluß der Steigung bzw. des Keilwinkels auf die erzeugte Kraft aufzeigen.
Auch beim symmetrischen Keil spielt die Reibung eine wichtige Rolle, um ein Zurückschnellen des Keiles zu vermeiden. Da der symmetrische Keil auf beiden Seiten gleiche Steigung aufweist, ergibt sich eine gleichmäßige Kraftverteilung auf die beiden Seiten.

Nach dem Naturgesetz **„Kraft = Gegenkraft“** muß sich die Kraft auf beiden Seiten gleich groß einstellen.

Eine Weiterentwicklung des Keiles stellt die **Schraube** dar. Legt man eine schiefe Ebene um einen Zylinder, dessen Umfang gleich der Basislänge der schiefen Ebene ist, so ergibt sich eine Schraube.

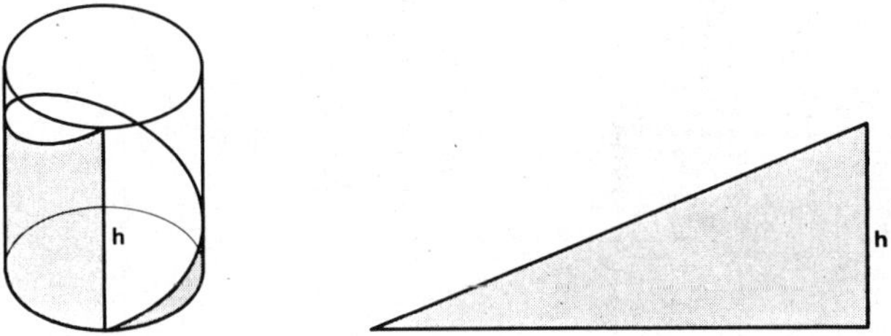

Das Prinzip der Schraube findet Verwendung in einem Hebegerät des technischen Hilfsdienstes, der Schraubenwinde.

Da auch hier die Goldene Regel der Mechanik gilt, muß das Produkt aus Weg der Hubkurbel pro Umdrehung und der Hubkraft gleich sein dem Hubweg (Steigung der Schraube) mit der Hublast

$U \cdot F_1 = F \cdot h$

Die errechnete Kraft an der Kurbel muß nun noch durch den Wirkungsgrad der Schraubenwinden, der 0,25–0,4 beträgt, dividiert werden.

Der Schraubenschlüssel wirkt nach dem gleichen Prinzip. Auch hier verwendet man einen großen Weg U = 2 · Länge des Schraubenschlüssels · 3,14, um eine große Zugkraft auf die Steigung der Schraube wirken zu lassen. Um sehr große Übersetzungsverhältnisse zu erreichen, verwendet man oft

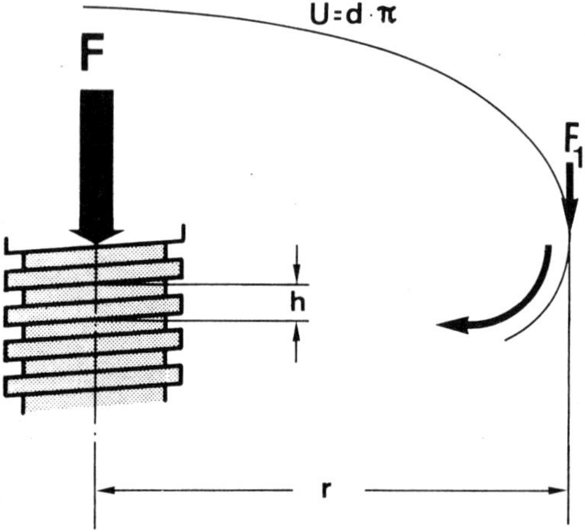

ein Rohr als Verlängerung des Hebels am Schlüssel, dadurch werden jedoch Schraube und Schlüsselmaul überlastet. Die Länge der Schlüssel und die durchschnittliche Kraft am Schlüssel sind genau auf die Belastbarkeit der Schrauben abgestimmt.

6.1. Hebelgesetz

Aus der Einsatzpraxis sind dem Feuerwehrmann eine ganze Reihe von Hebeln bekannt. Sei es die Brechstange, der Wuchtbaum, die Drehleiter oder der Kran, all diese Geräte oder Einsatzfahrzeuge beinhalten als wichtiges Prinzip die Grundsätze des Hebelgesetzes.
Der Hebel als Hilfsmittel der Technik und des Maschinenbaues gehört seit Jahrtausenden zum festen Bestandteil der Mechanik.

Allgemein wird jeder **starre Körper,** der sich um einen **festen Punkt** dreht und auf den in bestimmten Abständen vom Drehpunkt Kräfte wirken, als **Hebel** bezeichnet.
Um den Hebel in seiner Ruhelage, seinem Gleichgewicht zu halten, müssen auf jeder Seite die Produkte aus Kraft · Weg gleich sein.

Last · Lastarm = Kraft · Kraftarm

$$\mathbf{F \cdot a = F_1 \cdot b}$$

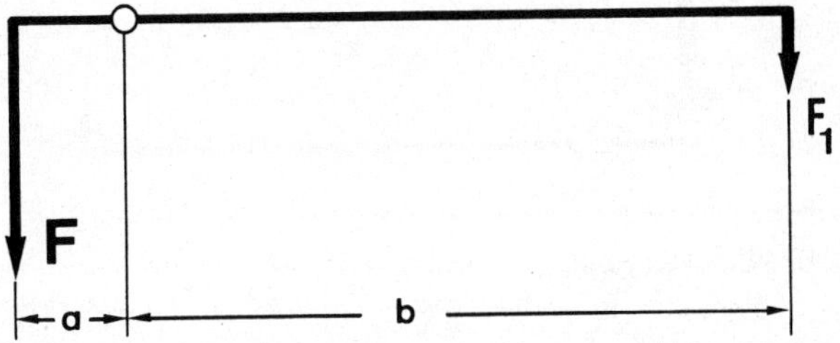

Dabei stellen die Strecken a und b den **senkrechten** Abstand der Kräfte bzw. deren Wirkungslinien vom Drehpunkt dar.
Bewegt sich ein Hebelarm über einen größeren Radius, so ändert sich zwar laufend die Länge des Kraft- bzw. Lastarmes, diese Änderung erfolgt jedoch im gleichen Verhältnis auf beiden Seiten. Das Produkt Kraft · Weg bleibt gleich.
Da auch mit dem Hebel keinerlei Kräfte gespart werden können, müssen sich die zurückgelegten Wege im umgekehrten Verhältnis der Kräfte verhalten. Legt man mit kleiner Kraft einen großen Weg zurück, so kann man damit eine große Last um eine kleine Strecke bewegen.

Auch für den Hebel gilt die Goldene Regel der Mechanik.

Je nach Lage des Drehpunktes spricht man von

einseitigem Hebel,

zweiseitigem Hebel

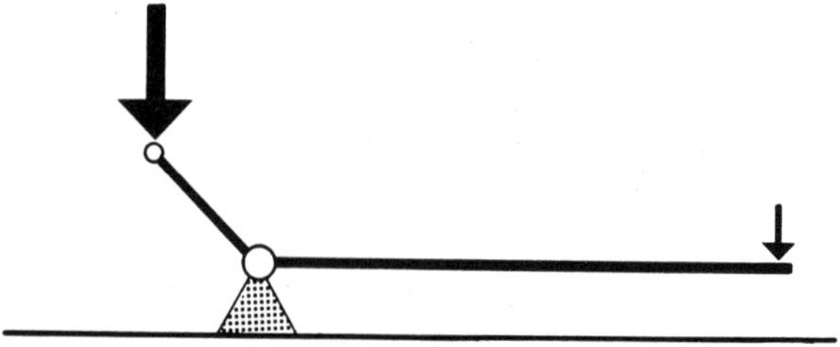

oder Winkelhebel.

Jede Kraft, die nicht durch den Drehpunkt geht, versucht den Hebel in Drehung zu versetzen.

Diese Drehwirkung nennt man **Moment**, Drehmoment M oder Kraftmoment M.

Aus der Größe der Kraft in N und der Länge des Hebelarmes in cm oder m ergibt sich die Maßeinheit für das Drehmoment.

F · a   Nm oder Ncm

Die Angaben dieses Drehmomentes erscheint oft in der Leistungsangabe von Verbrennungsmotoren.

Wird das Drehmoment z. B. mit 150 Nm bei 2500 U/min angegeben, so entspricht dies einer Kraft von 150 N an einem Hebel von 1 m, oder 1500 N an einem Hebelarm von 0,1 m. Diese Gewichtskraft kann durch die Reibung zwischen Kurbelwelle und Bremsscheibe festgehalten werden, wie aus der Zeichnung ersichtlich wird. Eine Anordnung dieser Art wird als **Pronyscher Zaum** bezeichnet.

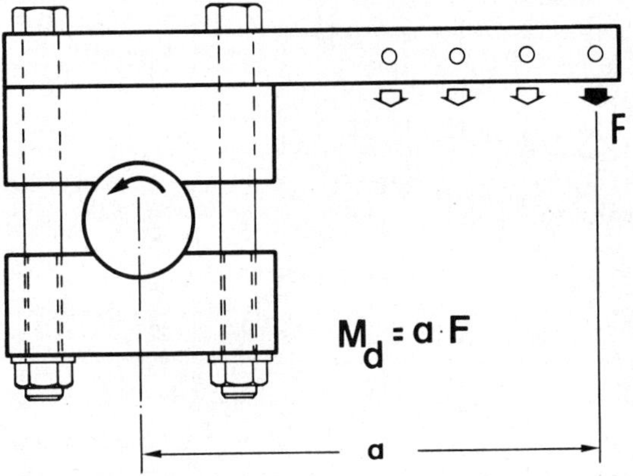

Die einfachste Art des Hebels im Feuerwehrdienst stellt die kleine Brechstange dar. Wird mit dieser Brechstange, Länge $l = 70$ cm, versucht, eine eiserne Tür, Gewichtskraft $F = 1000$ N, aus den Angeln zu heben, so wird bei einem Lastarm von 10 cm eine Hubkraft von 166 N erforderlich.

$$F_1 = F \frac{a}{b}$$

$$F_1 = 100 \frac{10}{60}$$

$$\mathbf{F_1 = 166\ N}$$

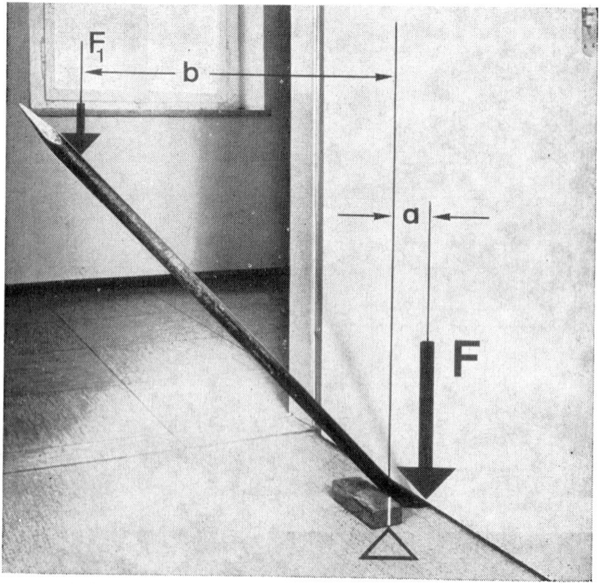

Verwendet man die große Brechstange Länge $l = 120$ cm,

so ergibt sich eine Hubkraft von $F_1 = 100 \frac{10}{110} = \mathbf{91\ N}$

Das Übersetzungsverhältnis ergibt sich immer aus dem Verhältnis **kleiner Hebelarm : großer Hebelarm.**

Jedes Zahnrad wirkt nach dem Hebelprinzip. Verwendet man Zahnräder mit verschiedenen Durchmessern, so ergeben sich durch die unterschiedlichen Radien unterschiedliche Hebelarme und dadurch entsprechende Kraftübersetzungen.

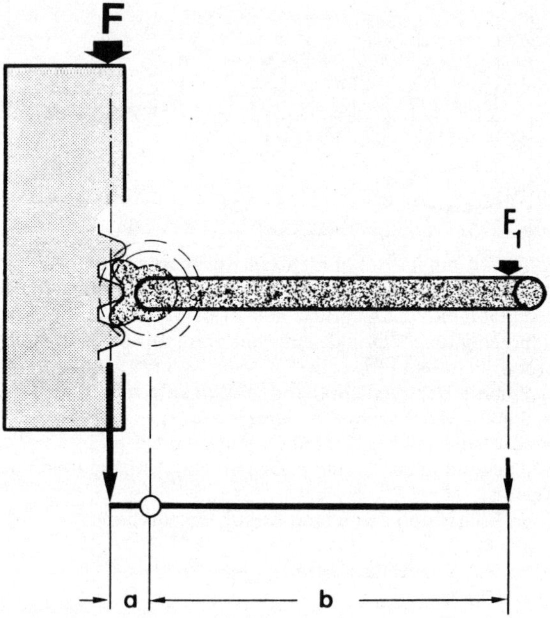

Hubkurbel und Zahnrad einer Zahnstangenwinde lassen sich ebenfalls auf das Hebelprinzip zurückführen.
Zwei- oder dreistufige Zahnstangenwinden sind eine Kombination mehrerer Hebel.

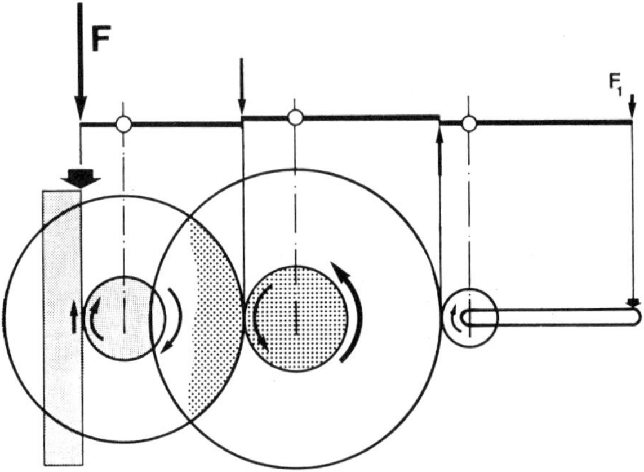

Greifen an einem Hebel mehrere Kräfte an, so müssen sich die Kräfte gegenseitig aufheben, damit der Hebel im Gleichgewicht bleibt; das Produkt aus Kraft · Weg muß durch ein entsprechendes Produkt auf der anderen Seite gehalten werden.

Die Summe der rechtsdrehenden Momente muß gleich sein der Summe der linksdrehenden Momente.

Als rechtsdrehend wird eine Drehung im Uhrzeigersinn, als linksdrehend eine Drehung gegen den Uhrzeigersinn bezeichnet.

Auf der folgenden Zeichnung wirken **linksdrehend:**

$F_1 \cdot a + F_2 \cdot b$;

und es wirken **rechtsdrehend:**

$F_3 \cdot c + F_4 \cdot d$

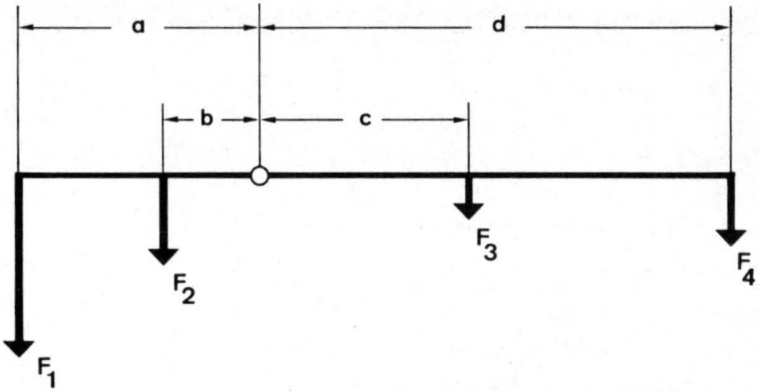

Beim Heben einer Last mit dem Kranwagen wirken auf einer Seite Gewichtskraft der Last und Gewichtskraft des Auslegers, auf der anderen Seite die Gewichtskraft des Fahrzeuges im Schwerpunkt.

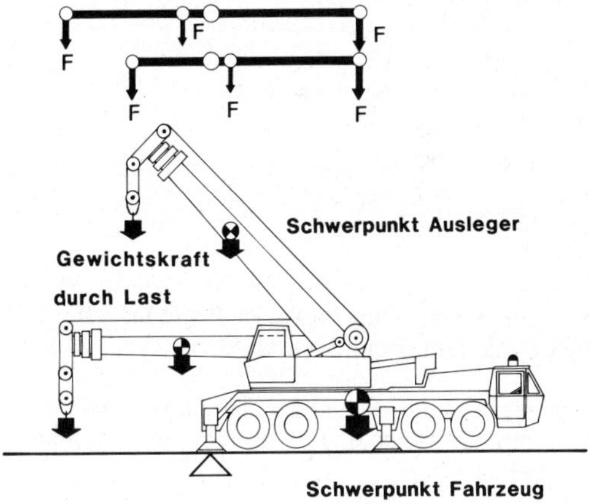

Ähnliche Verhältnisse herrschen beim Besteigen einer Drehleiter.

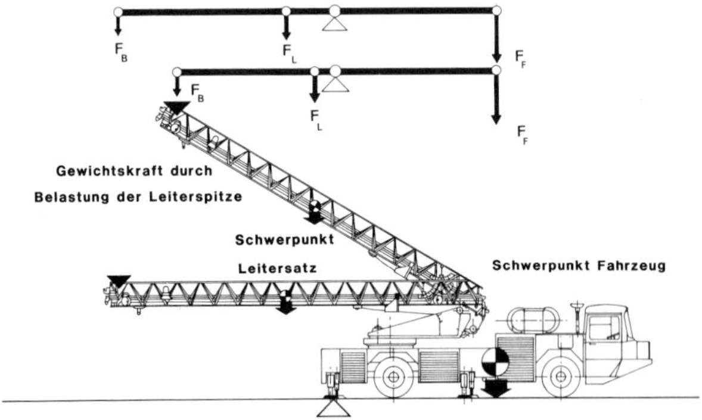

Die Summe der rechtsdrehenden Momente, zusammengefaßt im Schwerpunkt des Fahrzeuges, muß größer sein als die Summe der linksdrehenden Momente.

Übersteigt die Summe der linksdrehenden Momente durch Überbelastung die Summe der rechtsdrehenden Momente, so kippt das Fahrzeug.

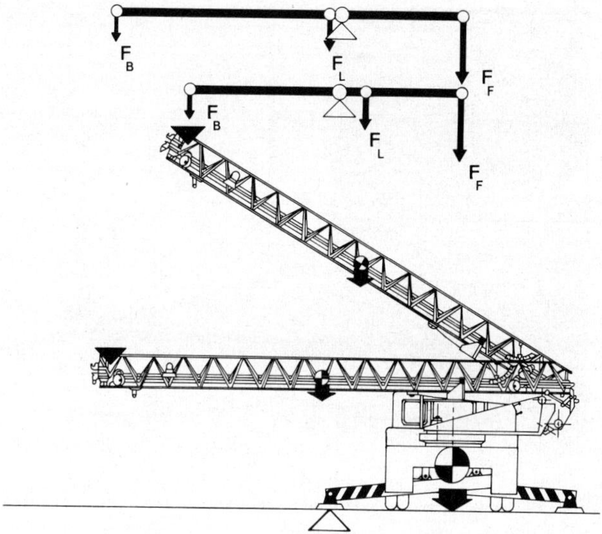

Einseitiger Hebel

Setzt man die Brechstange so ein, daß das ausgeschmiedete Ende den Drehpunkt darstellt, so ist diese Brechstange ein einarmiger oder einseitiger Hebel.
Auch hier gilt die Gleichgewichtsbedingung
$F \cdot a = F_1 \cdot b$
Gedanklich könnte man den einarmigen Hebel als zweiarmigen auffassen, bei dem der Hebelarm a auf den Hebelarm b geklappt wird.

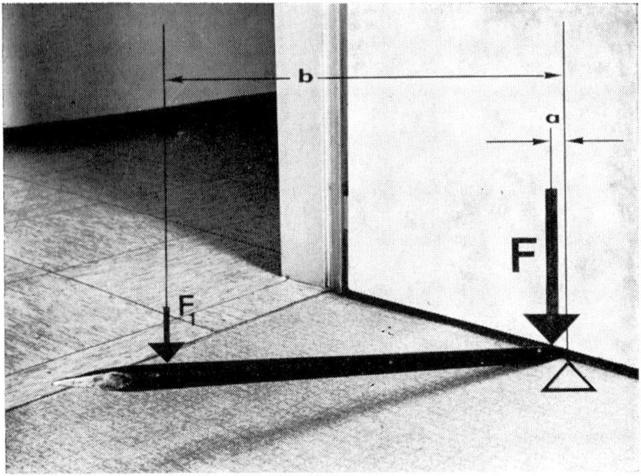
b
a
F
F_1

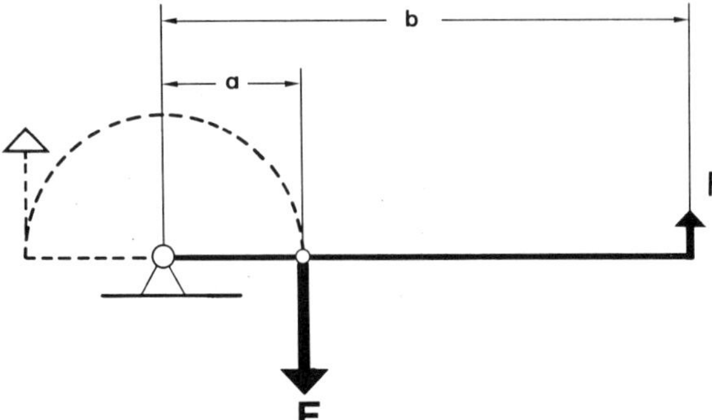
b
a
F_1
F

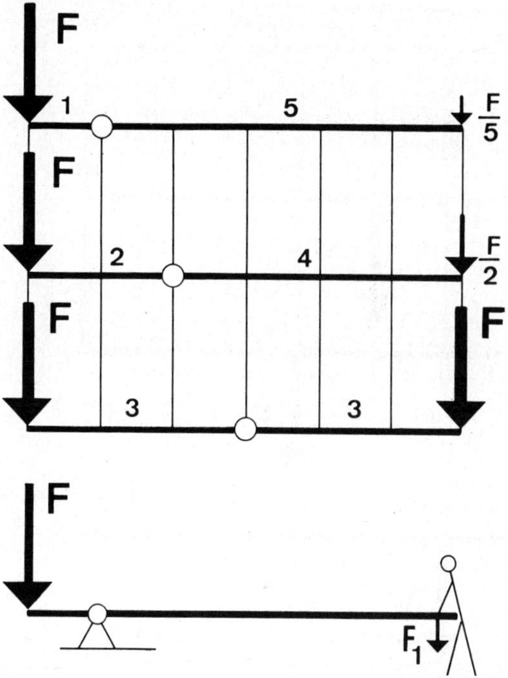

Legt man bei einem **zweiseitigen** Hebel den Drehpunkt in die Mitte des Hebels, muß rechts und links die gleiche Kraft angreifen, wenn Gleichgewicht herrschen soll.

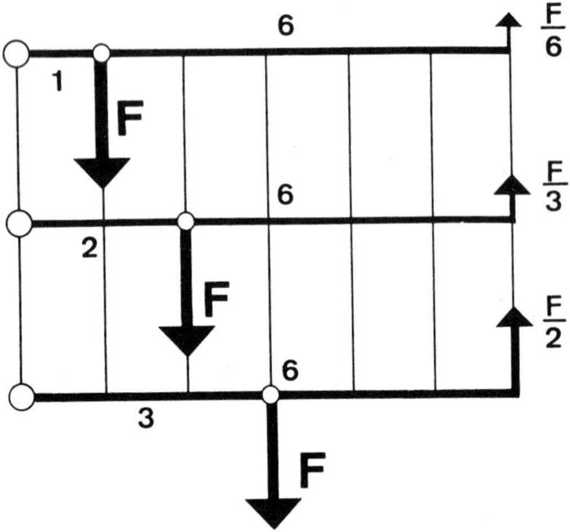

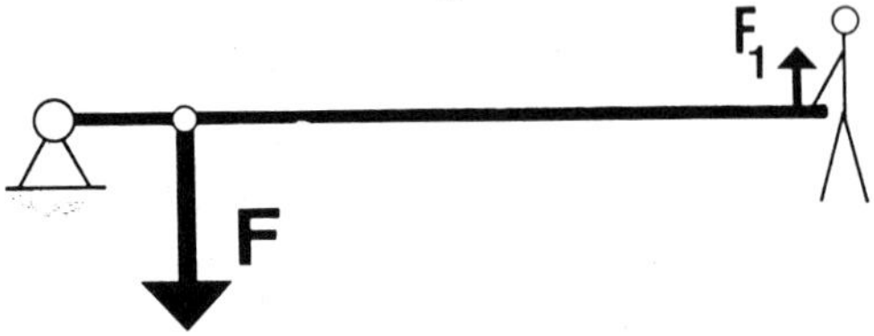

Legt man beim **einseitigen** Hebel den Kraftangriffspunkt in die Mitte, so genügt die halbe Kraft am Ende des Hebelarmes, um den Hebel im Gleichgewicht zu halten.

Außerdem wird in der Praxis beim zweiseitigen Hebel nur die Gewichtskraft des Bedienungsmannes ausgenützt, während man beim einseitigen die Spannkraft der Muskeln ausnützen kann. Verwendet wird der einseitige Hebel u. a. als erste Übersetzung bei hydraulischen Hebezeugen.

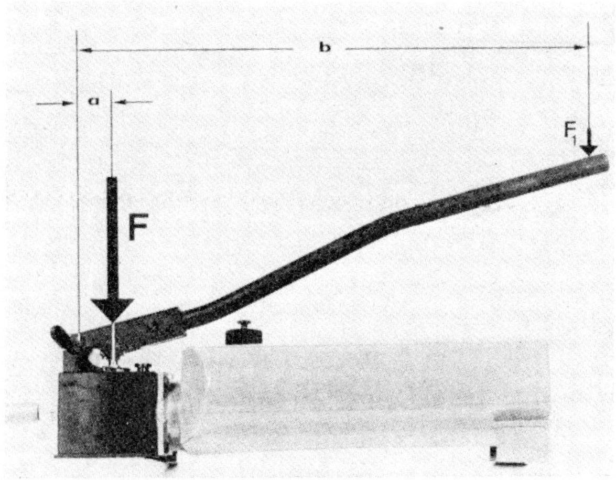

Mit einer Kraft von 200 N am Hebelarm b und einer Länge dieses Hebelarmes von 59 cm ergibt sich bei einem Hebelarm a = 3,5 cm eine Kraft auf den Druckerzeugungskolben

von $F = F_1 \cdot \frac{a}{b}$

$$F = 200 \cdot \frac{59}{3{,}5}$$

F = 3371 N

Winkelhebel

Stehen beide Hebelarme in einem bestimmten Winkel zueinander, so spricht man vom Winkelhebel.

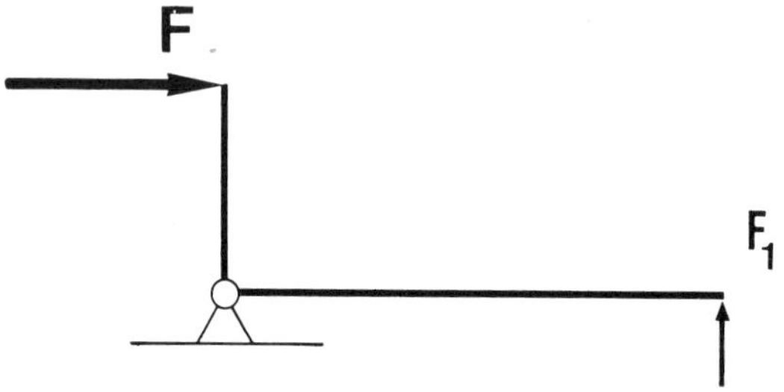

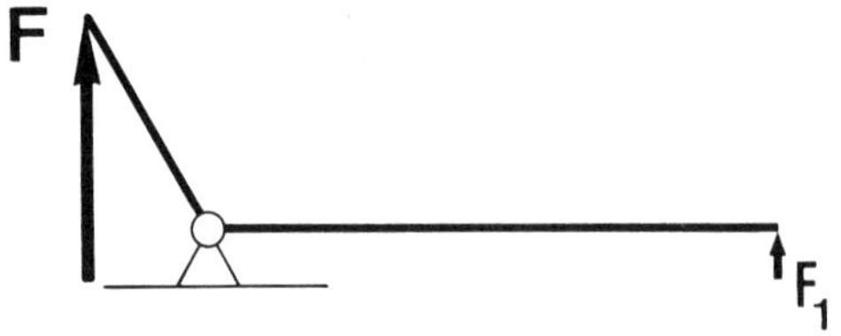

Die wirksame Hebellänge ist **nicht** die Länge der Arme, sondern der **senkrechte** Abstand der Wirkungslinie der Kraft vom Drehpunkt.

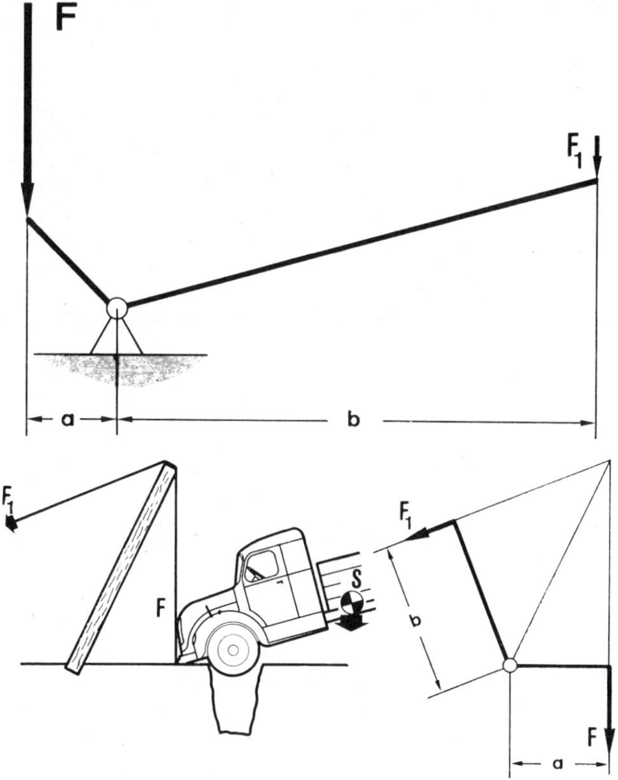

Hebt man z. B. ein Fahrzeug mit Hilfe eines Winkelhebels aus einer Aufgrabung, ergibt sich dabei vorstehende Anordnung der Kräfte und Hebelarme.

7. Einfache Maschinen

Sämtliche Hebel weisen jedoch den Nachteil geringer direkter Hubhöhen auf. Um diesen Nachteil zu umgehen, läßt man Seile, die große Hubhöhen im direkten Zug ermöglichen, in Verbindung mit Hebeln wirken. Dazu ist es notwendig, den Hebel so abzuändern, daß er in jeder Lage verwendet werden kann.
Verbindet man mehrere Hebel starr miteinander im Drehpunkt und an den Lastangriffspunkten, so ergibt sich die Rolle.

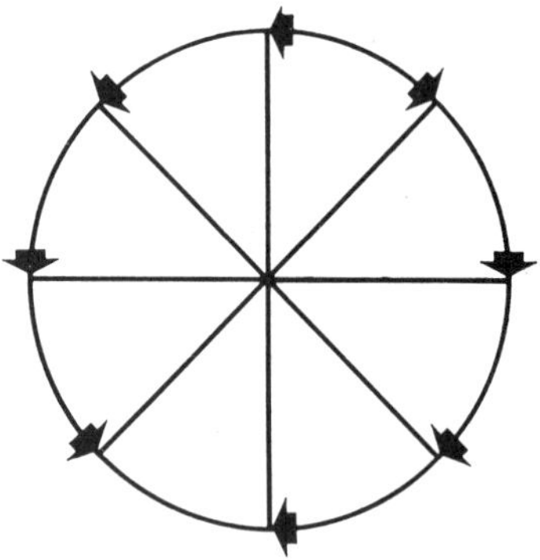

Rollen und Rollenkombinationen werden als **„Einfache Maschinen“** bezeichnet.
Eine Rolle besteht aus einer kreisförmigen Scheibe, die sich um eine Achse dreht.
Je nach Befestigungsart spricht man von festen oder losen Rollen.

Vergleicht man diese Rollen mit dem Hebel, so ergibt sich für die feste Rolle folgende Kräfteverteilung.

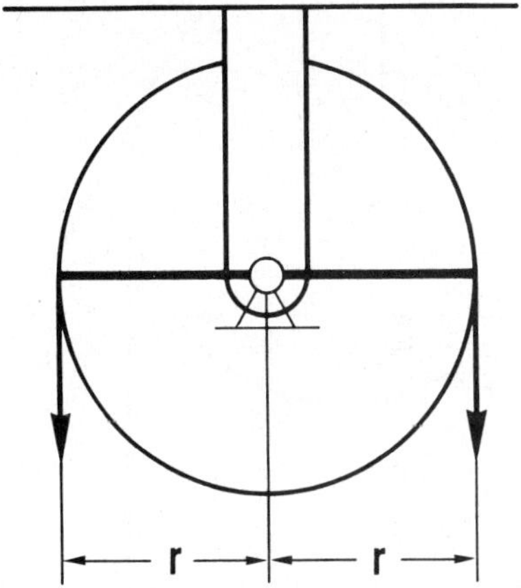

Da beide Hebelarme, dargestellt durch die Halbmesser der Rolle, gleich lang sind, ergibt sich keinerlei Vorteil hinsichtlich der Aufteilung der Kräfte. Der Vorteil der festen Rolle liegt nur in der Möglichkeit einer Änderung der Kraftangriffsrichtung in beliebiger Richtung.

In der Praxis verwendet man die **feste Rolle** zum Umlenken von Kräften und bezeichnet sie als Umlenkrolle.
Wird ein von der Straße abgekommenes Fahrzeug geborgen und kann das Zugfahrzeug nur auf der Straße in Stellung gebracht werden, verwendet man eine Umlenkrolle.
Die feste Rolle bleibt also **fest** an ihrem Platz und bringt keinerlei Vorteil hinsichtlich des Kräfteaufwandes. Nach dem Prinzip **Kraft = Gegenkraft** muß der Festpunkt jedoch in der Lage sein, die doppelte Zugkraft aufzunehmen.

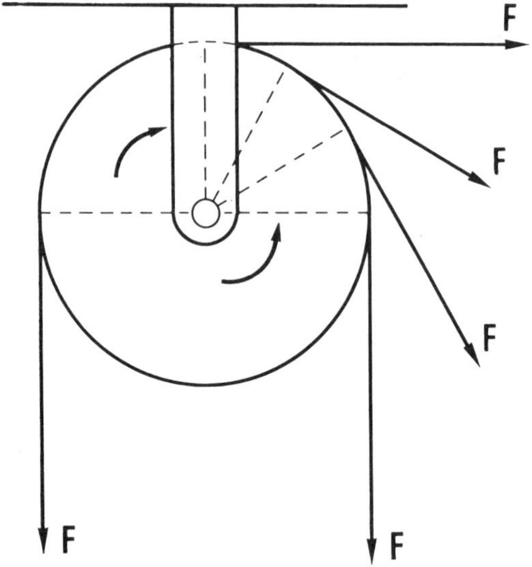

7.1. Lose Rolle

Befestigt man eine Rolle an der **Last,** das eine Ende des Seiles an einem Festpunkt, das andere an der Seilwinde, so spricht man von einer **losen Rolle.** Zurückgeführt auf den Hebel ergibt sich folgendes Bild:
Das Seil vom Festpunkt bis zur Rolle bewegt sich nicht, stellt also in jeder Höhenlage der Last den Drehpunkt des Hebels dar.
Die Kraft im Seilstrang geht durch den momentanen Drehpunkt und kann keinerlei Drehmoment ausüben. Der Lastarm ist gleich dem Rollenhalbmesser, der Kraftarm gleich dem Rollendurchmesser.

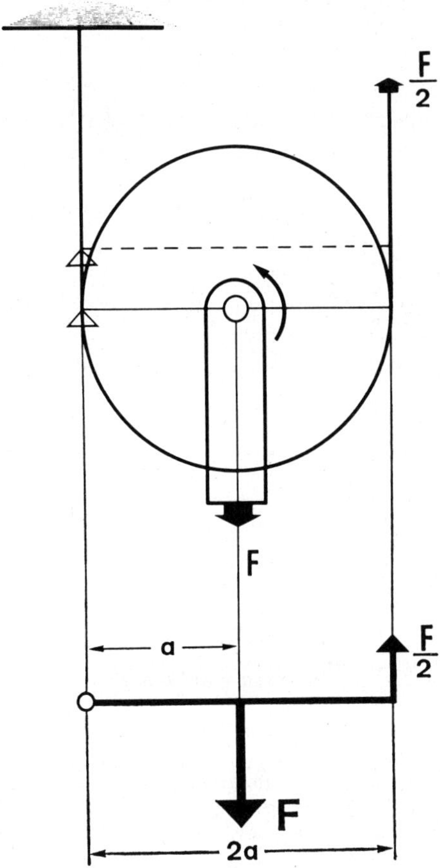
F
2
F
a
F
2
F
2a

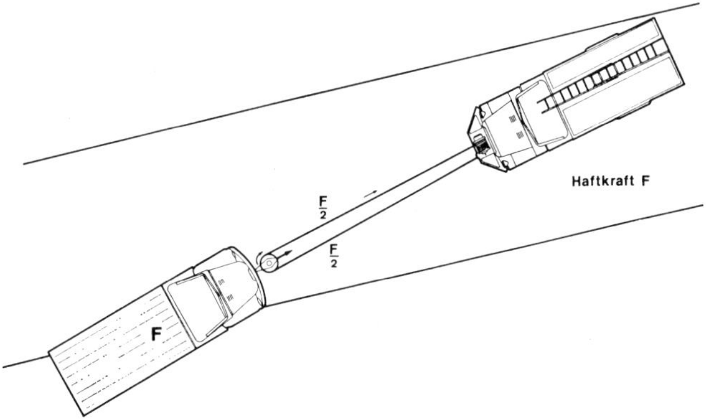

Um die Rolle im Gleichgewicht zu halten, gilt nach dem Hebelgesetz

$$F \cdot a = F_1 \cdot 2a$$

$$F \cdot \frac{1}{2} = F_1 \cdot 1$$

$$\mathbf{F_1 = \frac{F}{2}}$$

oder: **Kraft = halbe Last.**

Mit Hilfe einer losen Rolle kann also die Zugkraft einer Winde verdoppelt werden. Da aber mit keiner Vorrichtung Kraft gespart wird, muß eine andere Größe zunehmen, um das Produkt Kraft · Weg gleichzuhalten. Hebt sich die Last um einen Meter, so muß die Seilwinde 2 Meter Seil aufspulen.

50 kN · 2 m = 100 kN · 1 m.

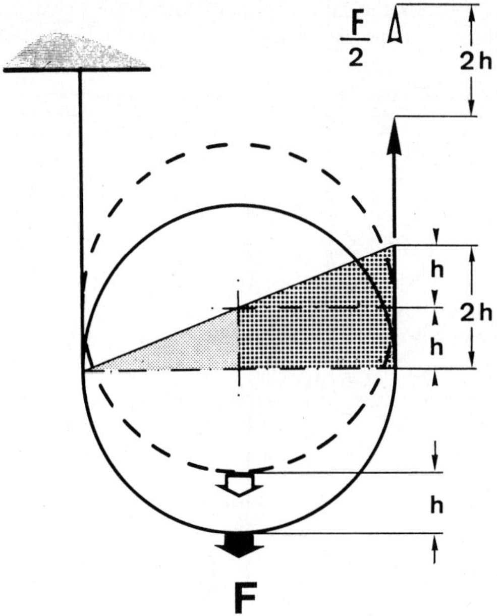

7.2. Flaschenzug

Besonders zum Heben von Lasten erweist es sich als ungünstig, wenn die Zugkraft senkrecht nach oben wirken muß. Aber auch beim Bergen von Fahrzeugen ist es oft unmöglich, Festpunkt und Zugvorrichtung an einem Ort in Stellung zu bringen.

In diesem Fall verwendet man zusätzlich noch eine feste Rolle zum Umlenken der Kraft und bezeichnet diese Verbindung **lose – feste** Rolle als Flaschenzug.

Die aufzuwendende Zugkraft bleibt auch beim Einsatz einer zusätzlichen festen Rolle gleich der halben Gewichtskraft der Last.

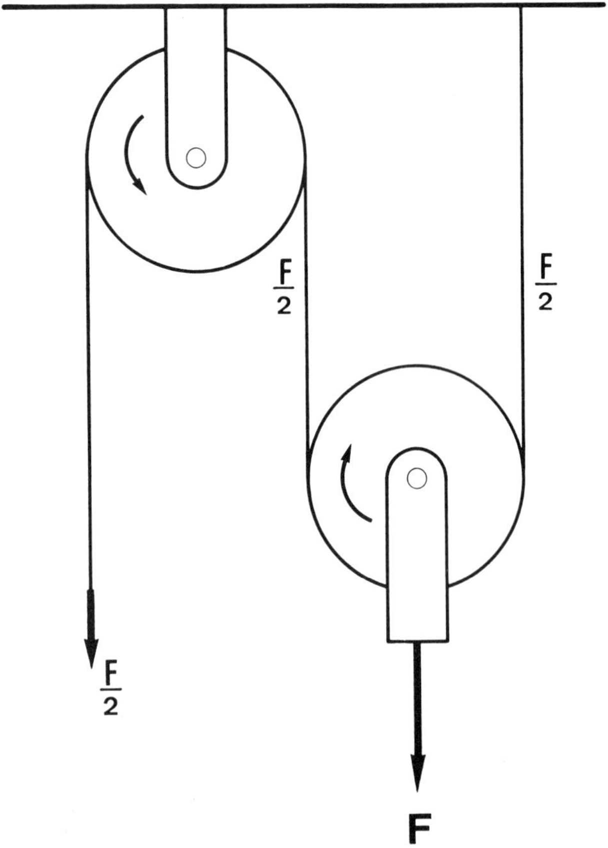

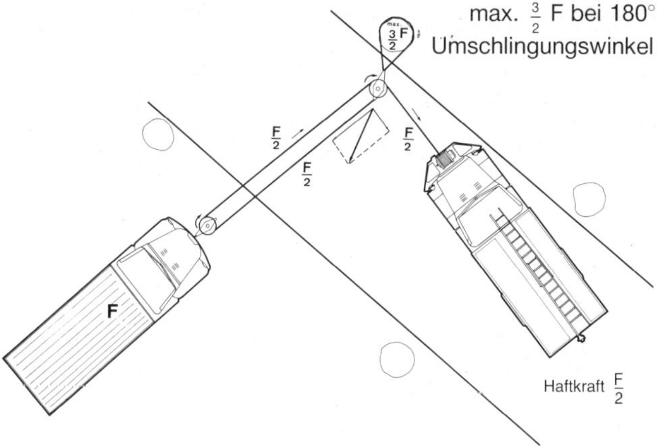

An jedem Seilstrang wirkt die Hälfte der Last. Am Festpunkt in vorstehender Zeichnung wirkt jedoch **zusätzlich** die Zugkraft. Gesamtbelastung des Festpunktes also max. 3/2 der Last. Zur exakten Berechnung müßte in diesem Beispiel auch die Kräftezusammensetzung in den unter einem bestimmten Winkel wirkenden Seilsträngen berücksichtigt werden. Für die Praxis ist zu merken: Der Festpunkt muß in jedem Fall in der Lage sein, **Last + Zugkraft** aufzunehmen. Verbindet man jeweils mehrere Rollen mit einer Achse, so bezeichnet man dies als Faktorenflaschenzug.

Theoretisch wäre eine Verbindung von 10, 20 oder noch mehr Rollen möglich. Da jedoch Kraftweg als auch Wirkungsgrad von der Rollenzahl abhängen, ergeben sich für die Praxis günstige Werte nur bis zu einer Rollenzahl von jeweils 4 Rollen pro Achse.

Wirkungsgrad von Rollen in Abhängigkeit von der Rollenzahl

4 Rollen	0,88
6 Rollen	0,85
10 Rollen	0,76

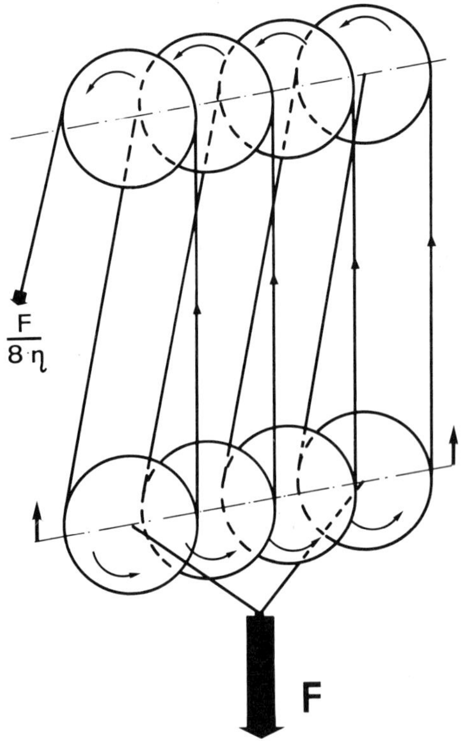

Beim Faktorenflaschenzug mit 4 losen Rollen hängt an jedem Seilstrang 1/8 der Last. Wird mit diesem Flaschenzug eine Last um 1 m gehoben, so müssen 8 m Seil aufgespult werden.
Die Kraft am Zugseil richtet sich also nach der Zahl der tragenden Seile.

Der Vorteil der Faktorenflaschenzüge liegt einmal in der entsprechend günstiger liegenden Hubkraft, die die Antriebsmaschine aufzubringen hat und zum anderen in der Möglichkeit, die Seile entsprechend der Belastung pro **Seilstrang** zu bemessen.

Hebt ein Kranwagen eine Last von 16 t (Gewichtskraft 160 kN) mit einem 4fachen Flaschenzug, liegt am Seil und damit an der Seiltrommel nur eine Zugkraft von 40 kN. Bei 4facher Sicherheit des Seiles muß das Seil für eine Bruchlast von

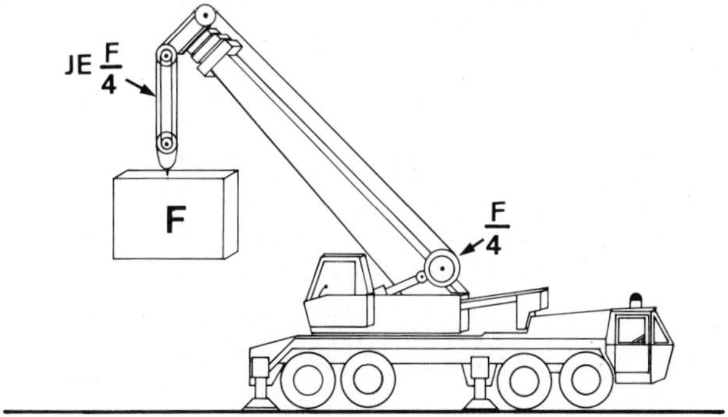

160 kN ausgelegt sein. Der Seildurchmesser beträgt dabei 16 mm. Werden 160 kN im direkten Antrieb gehoben, muß der Durchmesser des Seiles 35 mm betragen. Seilrollen und Seiltrommel müßten also erheblich größere Durchmesser aufweisen.

Außer dem **Faktorenflaschenzug** kommt in seltenen Fällen der **Potenzflaschenzug** zum Einsatz.
Verbindet man lose Rollen nach folgendem Schema, ergibt sich in jedem Seil die Hälfte der Belastung des vorhergehenden.

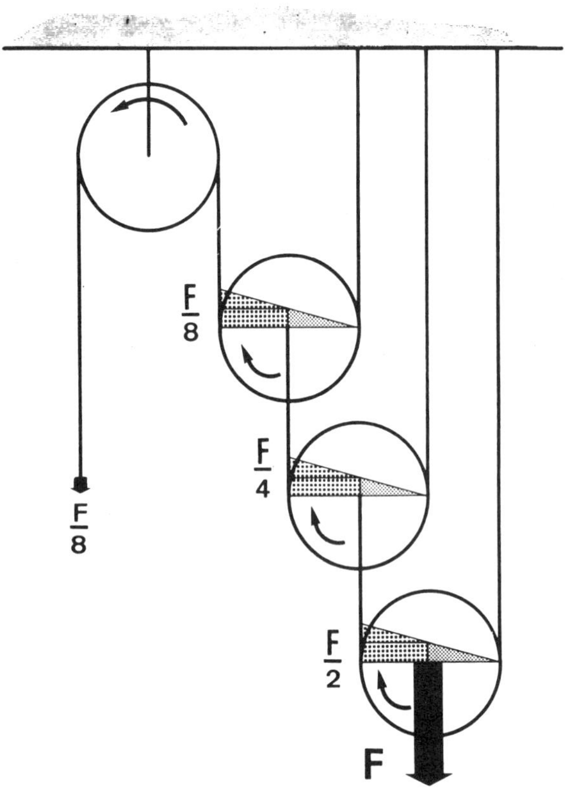

Mit 3 losen Rollen läßt sich damit eine Reduzierung der Zugkraft auf 1/8 erreichen.

7.3. Spill

Ein wichtiges Hilfsmittel zum Aufbringen großer Zugkräfte ist die Seilreibung an zylindrischen Walzen.
Sei es das Umschlingen des Hakens am Feuerwehrsicherheitsgurt mit der Fangleine zum Abseilen einer Person, sei es die Umschlingung des Spillkopfes mit einem Drahtseil, in jedem Fall erbringt die Seilreibung zwischen Seil und Zylinder große Haltekräfte. Die Größe der erzeugten Kräfte hängt ab von Seilbeschaffenheit und Umschlingungswinkel, also Anzahl der Umschlingungen, **nicht** jedoch vom Durchmesser des Hakens oder des Spillkopfes.

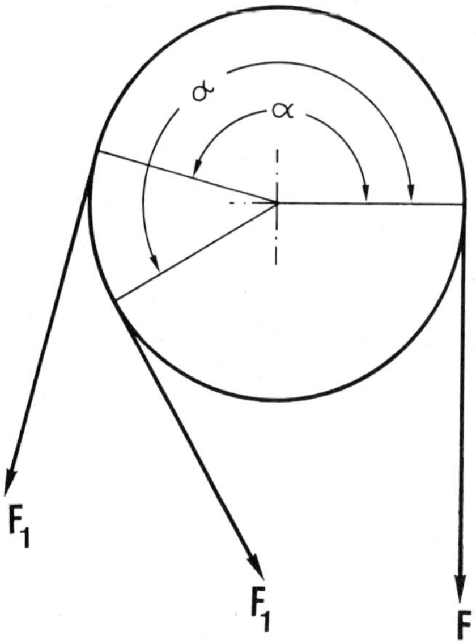

Die Herleitung des Seilreibungsgesetzes führt in diesem Rahmen zu weit, interessant wird nur die Tatsache der sehr großen Zugkräfte, die mit äußerst geringen Haltekräften erzeugt werden können.
Spillköpfe verwendet man mit und ohne Speichertrommel.

Spill ohne Seilspeichertrommel:

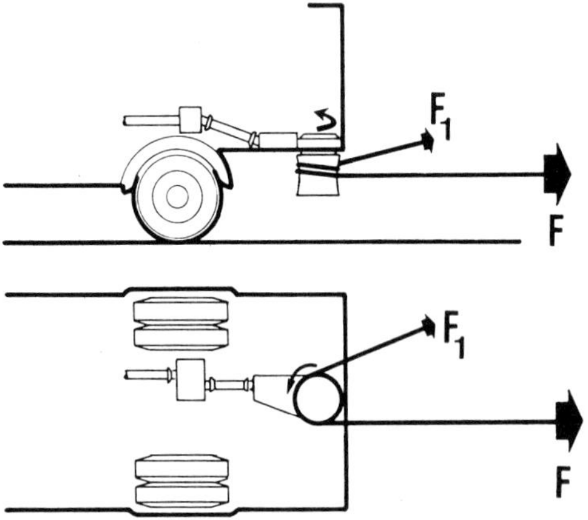

Während beim reinen Spillkopf die Haltekraft von einem oder mehreren Männern aufgebracht wird, ergibt sich bei der Verbindung Spillkopf - Seiltrommel die Haltekraft aus dem Antrieb der Seiltrommel.
Berechnen lassen sich die Halte- bzw. Zugkräfte nach der Formel

$F = F_1 \cdot e^{\mu\alpha}$

Die Reibungskraft am Spillkopf ergibt sich aus der Differenz von F und F_1

$R = F - F_1$

Spill mit Seilspeichertrommel:

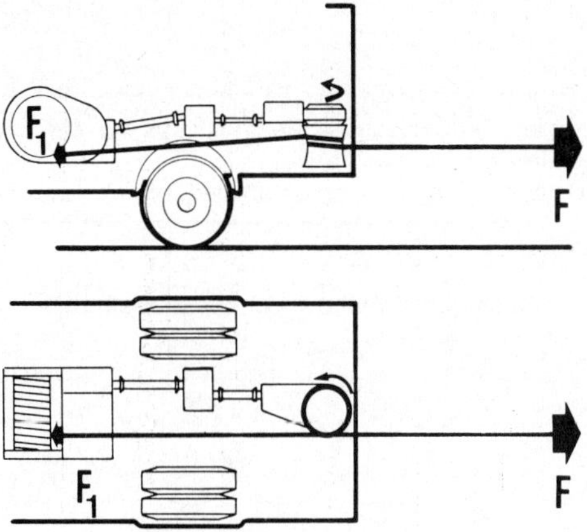

Reibungszahl zwischen Seil und Spillkopf
bei Ruhe des Seiles 0,25
bei Bewegung des Seiles 0,18

	Reibungszahl 0,1	0,2	0,3	0,4	0,5
Zahl der Umschlingungen	$e^{\mu\alpha}$				
0,5	1,37	1,9	2,5	3,5	4,8
1	1,87	3,5	6,6	12	23
2	3,5	12,3	43	152	535
3	6,6	43	285	1881	12319
4	12,3	152	1881	23227	286744

8. Ruhende Flüssigkeiten

Ein weiteres Teilgebiet der Mechanik ist die **Mechanik der Flüssigkeiten.**

Flüssigkeiten nehmen zwar jeden beliebigen Raum ein, die Teilchen lassen sich gegeneinander verschieben, nicht jedoch zusammendrücken.

Flüssigkeiten sind nicht kompressibel.

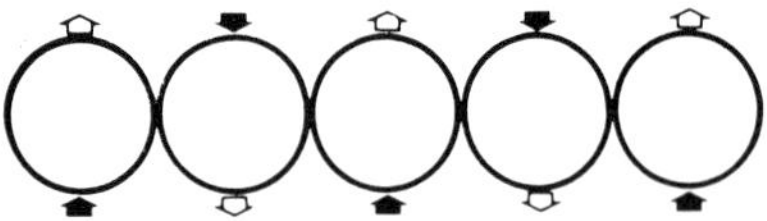

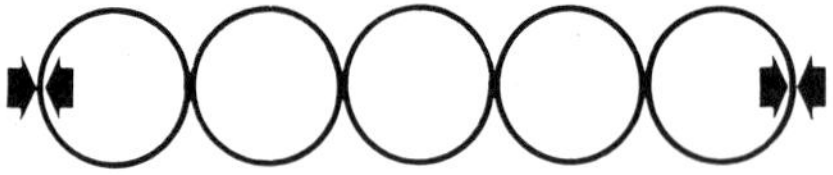

Dieses Naturgesetz findet in vielen Zweigen der Technik Anwendung. Flüssigkeiten können in jeder Art von Rohrleitung fortgeleitet werden; verschließt man die Leitung am Auslauf, baut sich sofort ein **Druck** auf, der dem Druck entspricht, der am Anfang der Leitung wirkt.

Die Flüssigkeit in dem geschlossenen System wirkt wie ein fester Körper, im Gegensatz zum festen Körper jedoch, bei dem der Druck nur in Kraftangriffsrichtung sich fortpflanzt, ergibt sich durch die Verschiebbarkeit der Flüssigkeitsteilchen eine Ausbreitung des Drucks nach allen Seiten.

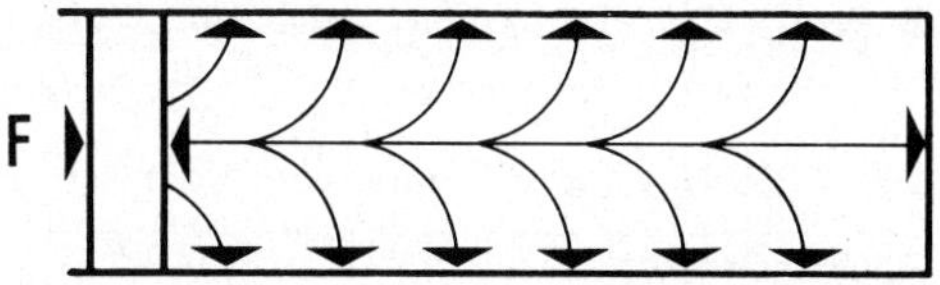

Die Kraft, die auf den Verschluß oder den Kolben in einem Rohrsystem wirkt, wird in der Maßeinheit der Kraft, in N, gemessen.
Diese Kraft verteilt sich auf eine Fläche von der Größe des jeweiligen Kolbens. Maßeinheit der Fläche: m^2.
Aus diesen beiden Maßeinheiten ergibt sich die Maßeinheit des Druckes als Kraft pro Flächeneinheit oder $\frac{N}{m^2}$

Die SI-Einheit des Drucks ist das Pascal. Einheitenzeichen: Pa. Besonderer Name für den zehnten Teil des Megapascal (MPa = 1 Million Pascal) ist das Bar. Einheitenzeichen: bar. 1 bar = 100000 Pascal.

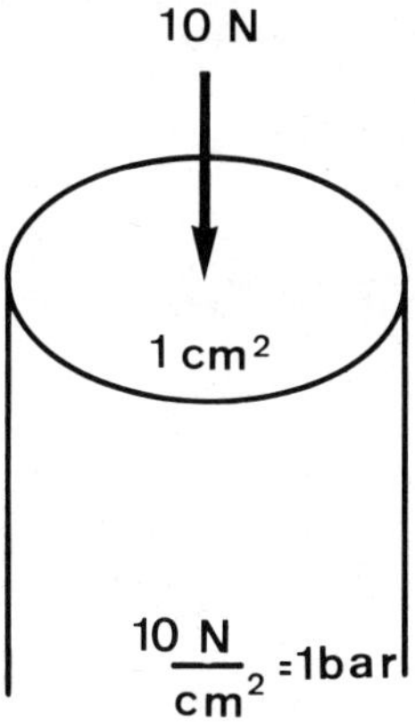

Der Druck breitet sich gleichmäßig nach allen Seiten aus, im ganzen Rohrsystem wirkt auf jeden cm^2 die ausgeübte Kraft.
Wirken z. B. 1 200 N auf eine Fläche von 5 cm^2, so ergibt

sich ein Flüssigkeitsdruck von $\frac{1200\ N}{5\ cm^2} = 240 \frac{N}{cm^2}$

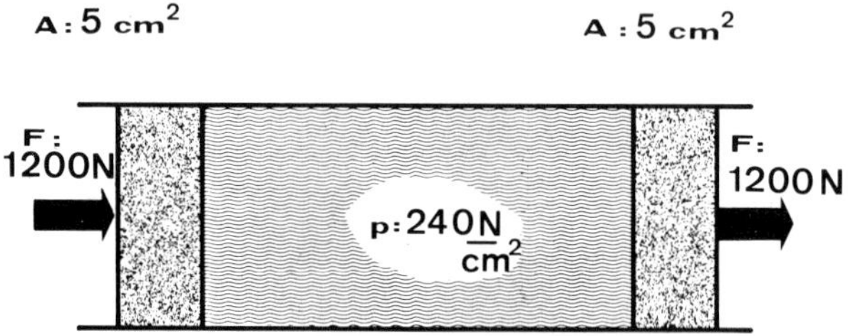

In Formeln bezeichnet man den Druck durch p.
Weist das Ende der Rohrleitung den gleichen Querschnitt auf wie der Kolben am Anfang, so herrscht hier auch die gleiche **Kraft.**

8.1. Hydraulische Presse

Vergrößert man nun den Kolben am Ende der Rohrleitung, so ergibt sich dadurch auch eine Vergrößerung der wirkenden Kraft.
Beträgt die Fläche am Ende der Leitung 10 cm² und wirken im Rohrsystem 24 bar $\left(240 \frac{N}{cm^2}\right)$, so ergibt sich eine Kraft am Kolben von $240 \frac{N}{cm^2} \cdot 10\ cm^2 = 2\,400\ N$

Man kann also durch Vergrößern der Fläche, auf die der Druck wirkt, beliebig große Kräfte erzeugen.

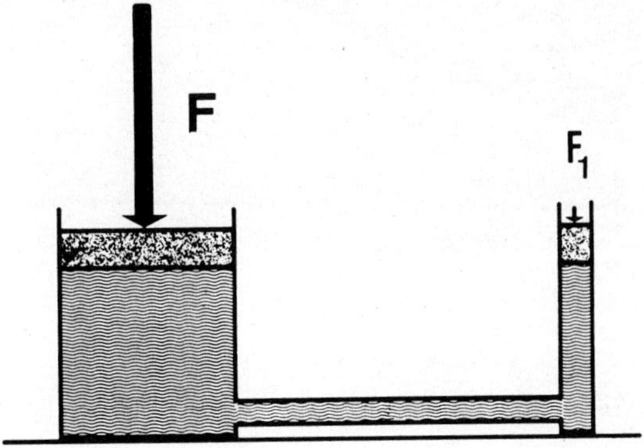

Hydraulische Heber, wie sie im technischen Hilfsdienst häufige Verwendung finden, arbeiten alle nach diesem Prinzip, wobei man den Druck auf den Druckerzeugungskolben durch zusätzliche Anwendung des einseitigen Hebels entsprechend hoch aufbringt.
Die Gesamtübersetzung eines solchen Hebegerätes soll hier kurz aufgezeigt werden:

Wirksame Kraft am Hebel

$$F = \frac{200 \cdot 59}{3,5} \qquad\qquad p = \frac{3371}{0,78}$$

F = 3371 N

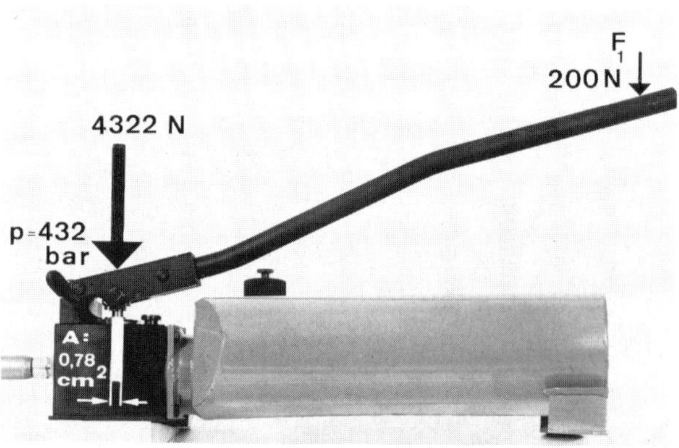

$$p = 4\,322 \frac{N}{cm^2} \approx 432 \text{ bar}$$

$$F = 4\,322 \cdot 33,2 \left[\frac{N}{cm^2} \cdot cm^2\right]$$

F = 143490 N = 143,49 kN

Dies entspricht einer Hublast von ≈ 14,3 t.

Merke: Die Trag**last** eines Hebegerätes wird in kg oder t angegeben!

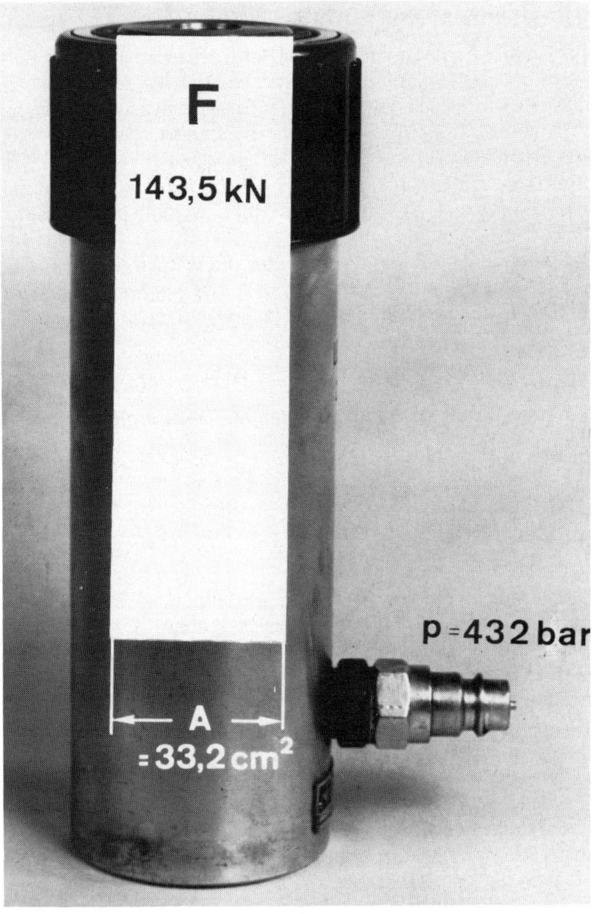
F
143,5 kN
p = 432 bar
A
= 33,2 cm²

8.2. Hydrostatischer Druck

Stellt man ein mit Wasser gefülltes Rohr, das unten mit einem Kolben verschlossen ist, senkrecht auf, so wirkt auf den Bodenverschluß die Kraft, die der Masse der Flüssigkeitssäule entspricht. Füllt man das Rohr mit einer anderen Flüssigkeit, so wirkt die Kraft des Gewichtes der entsprechenden Flüssigkeit.

Steht das Wasser in einem Rohr z. B. 10 m hoch, so wirkt auf eine Fläche A eine Kraft: Fläche · Höhe · Wichte des Wassers.

$F = A \cdot h \cdot \gamma$

Im Gegensatz zur Dichte geht hier die Wichte (Produkt aus Dichte und Fallbeschleunigung g) in die Rechnung ein. Der Druck pro Flächeneinheit berechnet sich aus:

$$\frac{\text{Kraft}}{\text{Fläche}}; \quad p = \frac{F}{A} \qquad p = \frac{A \cdot h \cdot \gamma}{A}$$

Für den Druck in einer bestimmten Tiefe ergibt sich also

$$p = h \cdot \gamma \left[m \cdot \frac{N}{m^3} \right]$$

$$\mathbf{p = h \cdot \gamma \left[\frac{N}{m^2} \right]}$$

Der Druck hängt also nur von der Höhe des Flüssigkeitsspiegels und der Wichte der Flüssigkeit ab.

Aus dieser Erkenntnis ergibt sich die Erklärung für die gleiche Flüssigkeitshöhe in verbundenen Röhren (Kommunizierende Röhren).

Der Druck auf jeder Seite des Verbindungsrohres ist gleich, da er ja nur von der Höhe des Flüssigkeitsspiegels, nicht aber vom Querschnitt des Rohres abhängt.

Die Fläche der Rohrleitungen erscheint in der Formel des hydrostatischen Drucks nicht, spielt also keine Rolle.

Im Verbundnetz der abhängigen Wasserversorgung wird sich an jedem Punkt die gleiche Steighöhe des Wasserspiegels einstellen.

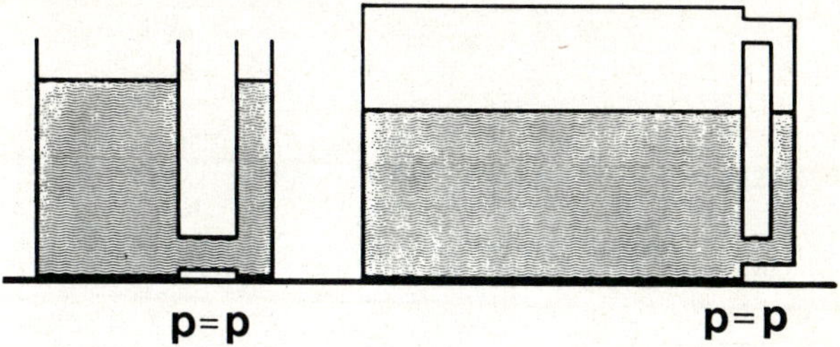

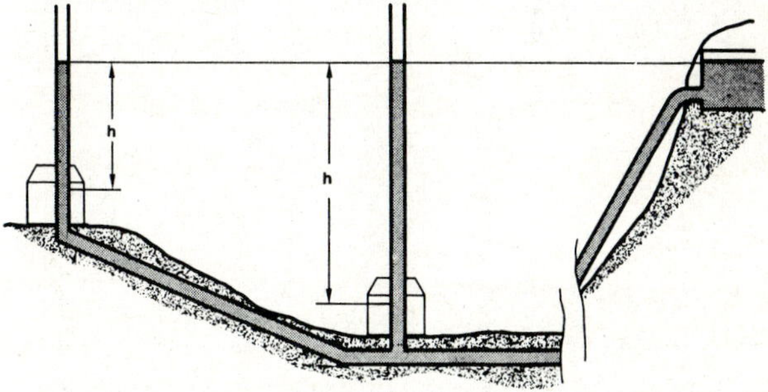

Berechnet man mit der Formel des hydrostatischen Drucks den Druck einer Wassersäule von 10 m, so ergibt sich:

$p = h \cdot \gamma$

γ = Dichte ϱ · Fallbeschleunigung g also $\frac{kg}{m^3} \cdot \frac{m}{s^2} = \frac{N}{m^3}$

$p = 10\ m \cdot 10\,000\ \frac{N}{m^3}$

$p = 100\,000\ \frac{N}{m^2}$

$\mathbf{p = 10\ \frac{N}{cm^2}}$

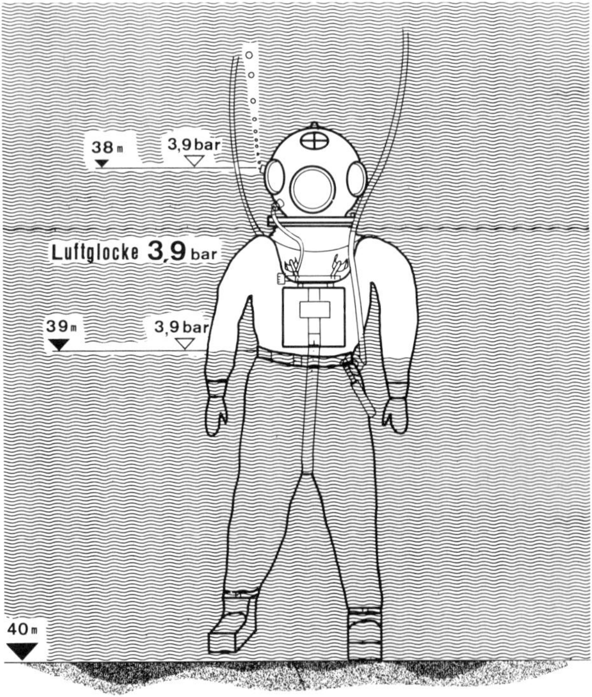

Steigt ein Taucher in eine Tiefe von 40 m ab, so herrscht in dieser Tiefe ein Druck von 4 bar
Außerdem herrscht aber an der Wasseroberfläche zusätzlich noch der Druck der Luftsäule, der 1 bar beträgt.
Es ergibt sich also für die Wassertiefe von 40 m ein absoluter Druck von 5 bar.

Nimmt man die Körperoberfläche eines Tauchers mit ca. 1,2 m^2 an, ergibt sich daraus eine Kraft von $F = p \cdot g \cdot A$
$F = 5 \cdot 10 \cdot 12000 = 600000$ N = 600 kN (≙ 60 t).
Diesen Druck kann der menschliche Körper nur aushalten, weil er zu mehr als 80% aus Flüssigkeit oder flüssigkeitsgefülltem Gewebe besteht.
Da, wie bereits bekannt, Flüssigkeiten nicht kompressibel sind, erleidet der Körper dadurch keinen Schaden.
Voraussetzung für die Atmung ist aber die Zuführung von Atemluft mindestens unter dem Druck, der dem Druck in dieser Wassertiefe entspricht.
Beim Helmtauchgerät herrscht im Helm ein Druck, der dem Druck der Luftglocke entspricht, die bis zur Gürtellinie reicht. Aus dem Luftablaßventil im Helm kann daher Luft abgelassen werden, ohne daß Wasser eindringt.

Der Druck im Rohrnetz der abhängigen Wasserversorgung berechnet sich nach dem gleichen Grundsatz

$$\text{Druck im Rohrnetz} = \frac{\text{Höhe des Wasserspeichers in m}}{10}$$

z. B. Speicherhöhe 80 m ≙ 8 bar.
Dieser theoretische Wert verringert sich bei strömenden Flüssigkeiten dann noch um den Reibungsverlust.

8.3. Druckkräfte

Der hydrostatische Druck wirkt natürlich auch auf die Seitenwände von Wasserbehältern, Stauwänden usw.
Die Größe der Seitendruckkraft ergibt sich aus der Größe der Wand, der Tiefe des Schwerpunktes der betrachteten Fläche unter der Wasseroberfläche und der Gewichtskraft der Flüssigkeit.
Seitendruckkraft = Fläche · Höhe des Schwerpunktes · Gewichtskraft.
$\mathbf{F_s = A \cdot h \cdot F_G}$

$$N = m^2 \cdot m \cdot \frac{N}{m^3}$$

Staut man z. B. mit einer Holzwand einen Bach zur Wasserentnahme bis zu einer Höhe von 50 cm auf, so ergibt sich bei einer Bachbreite von 1 m eine Seitendruckkraft von

$$\mathbf{F_S = 1 \cdot 0{,}5 \cdot 0{,}25 \cdot 10000 = 1250\ N}$$

Zum Aufstauen finden oft erheblich größere Wände Verwendung. Die dabei auftretenden Kräfte können nur durch entsprechend starke Führungen aufgenommen werden.
Das behelfsmäßige Aufstauen mit Leitern und darauf befestigten Brettern erfordert daher in erster Linie richtige Verankerung, damit die Leitern nicht überlastet werden.

8.4. Auftrieb - Schwimmen

Die Druckkräfte, von denen bisher gesprochen wurde, wirken wegen der Inkompressibilität der Flüssigkeiten nach allen Seiten, also auch nach oben.
Taucht ein Körper im Wasser unter, so heben sich die Seitendruckkräfte gegenseitig auf. Der Druck auf die Bodenfläche ist jedoch größer als der Druck auf die Deckfläche. Der Druck auf die Bodenfläche wird also versuchen, den Körper aus dem Wasser zu drücken.

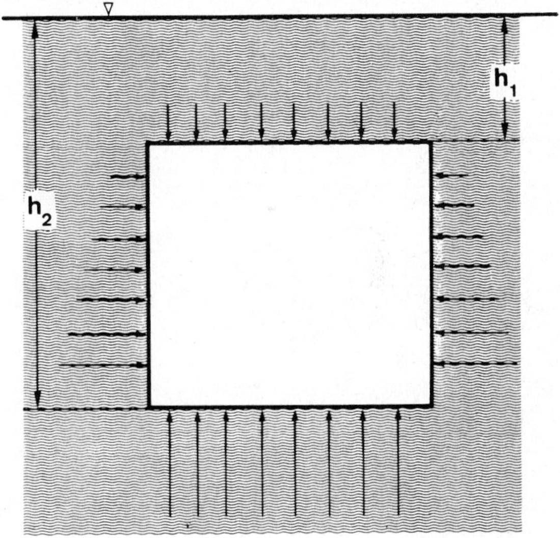

Der griechische Mathematiker Archimedes fand heraus, **daß die Größe des Auftriebs der Gewichtskraft der verdrängten Flüssigkeitsmenge entspricht.**
Daraus ergibt sich, daß im Wasser alle Stoffe schwimmen, deren F_G kleiner als 10 000 $\frac{N}{m^3}$, alle Stoffe untertauchen, deren F_G größer als 10 000 $\frac{N}{m^3}$ ist.
Hierbei läßt sich aber auch erkennen, daß die Gewichtskraft aller Stoffe unter Wasser um die Gewichtskraft der verdrängten Flüssigkeitsmenge geringer sein muß.
Ein leeres Benzinfaß Volumen 200 l wiegt ca. 30 kg (≙ einer Gewichtskraft von 300 N). Taucht man dieses Faß ganz unter Wasser, so wirkt auf dieses Faß eine Auftriebskraft gleich der Gewichtskraft der verdrängten Wassermenge abzüglich der Gewichtskraft des Fasses.

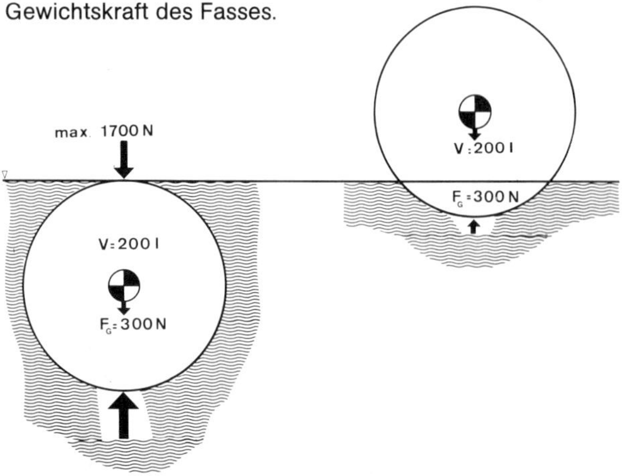

Der Auftrieb beträgt also 1700 N, man kann das Faß mit 170 kg belasten, bis es voll eintaucht.

Verwendet man zum Bau eines Floßes z. B. 20 Fässer mit je 200 l Volumen und wiegt der Aufbau 200 kg, so kann das Floß, bis es zur **Hälfte** eintaucht, mit 1 200 kg belastet werden.

Auftrieb gesamt	20 · 1 000 N		20 000 N
abzüglich Gewichtskraft der Fässer	20 · 300 N	6 000 N	
Gewichtskraft des Aufbaus		2 000 N	8 000 N
Nutzbare Auftriebskraft			**12 000 N**

Mit Hilfe von Hohlkörpern lassen sich leicht behelfsmäßig Wasserfahrzeuge zusammenbauen, die erhebliche Belastungen auszuhalten vermögen.

9. Ruhende Gase

Im Gegensatz zu Flüssigkeiten, deren Moleküle sich nur in einer Achse verschieben lassen, sind die Moleküle der Gase auf Grund ihrer geringen Verteilung pro Raumeinheit in allen Richtungen verschiebbar.

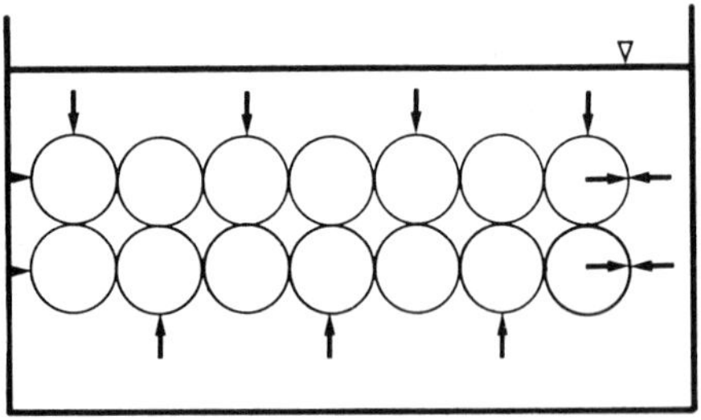

Flüssigkeit

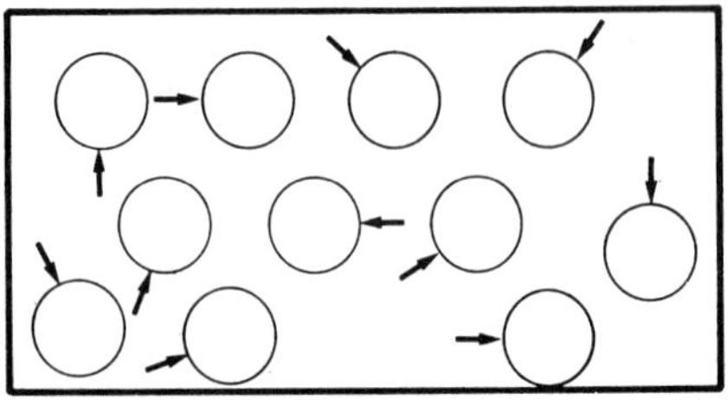

Gas

Gase nehmen wie Flüssigkeiten jeden Raum ein, sind aber im Gegensatz zu diesen zu **verdichten** (kompressibel).
Der aufgebrachte Druck pflanzt sich gleichmäßig nach

allen Seiten fort. Der Druck beruht auf der Bewegung der kleinsten Teilchen, der Atome oder Moleküle. Luftmoleküle bewegen sich mit einer mittleren Geschwindigkeit von 500 m/s bei 0° C. Erhöht man die Temperatur eines Gases, so bewegen sich auch die Teilchen schneller. Druck, Temperatur und Volumen von Gasen hängen also eng zusammen.

Im Gegensatz zum Wissen von der Mechanik der starren Körper und der Flüssigkeiten ist das Wissen über die Mechanik gasförmiger Körper verhältnismäßig jung. Erst im 17. Jahrhundert konnten sich die Naturwissenschaftler näher mit den Gasen befassen, da erst zu dieser Zeit die entsprechenden technischen Vorrichtungen zur Verfügung standen.

9.1. Luftdruck

Der Druck der Lufthülle auf die Erdoberfläche war lange Zeit nicht bekannt, bzw. nicht nachzuweisen oder meßbar. Man kannte zwar die Auswirkungen des Luftdrucks (Winddruck, Wellenbildung), nicht aber seine Größe.

Die Ursache des Luftdruckes ist im Druck der Luftsäule, die durch die Erdanziehung auf die Erdoberfläche drückt, zu suchen.

Erst Torricelli (1608–1647) gelang es, den Luftdruck zu messen.

Füllt man ein einseitig verschlossenes Rohr mit Quecksilber und steckt das offene Ende in eine mit Quecksilber gefüllte Wanne, so läuft dies so lange aus, bis Gleichgewicht zwischen Kraft pro Flächeneinheit im Rohr und Kraft pro Flächeneinheit auf der Oberfläche des Quecksilbers in der Wanne herrscht.

Die Quecksilbersäule bleibt bei 760 mm stehen.

Die Dichte des Hg beträgt 13,6 $\frac{kg}{dm^3}$,

daraus ergibt sich eine Gewichtskraft von 13,6 · 9,81 $\frac{N}{dm^3}$.

Bei 7,6 dm Höhe der Hg-Säule errechnet sich der Luftdruck aus

$$P_L = \frac{F}{A} = \gamma \cdot h \text{ (sh. auch S. 118)}$$

$$P_L = 13{,}6 \cdot 9{,}81 \cdot 7{,}6 \ \frac{N}{dm^2}$$

$$= 1014 \ \frac{N}{0{,}01 \ m^2}$$

$$= 101\,400 \ \frac{N}{m^2} \triangleq Pa$$

$$= 101{,}4 \cdot 10^3 \ Pa$$

$$= 101{,}4 \ kPa$$

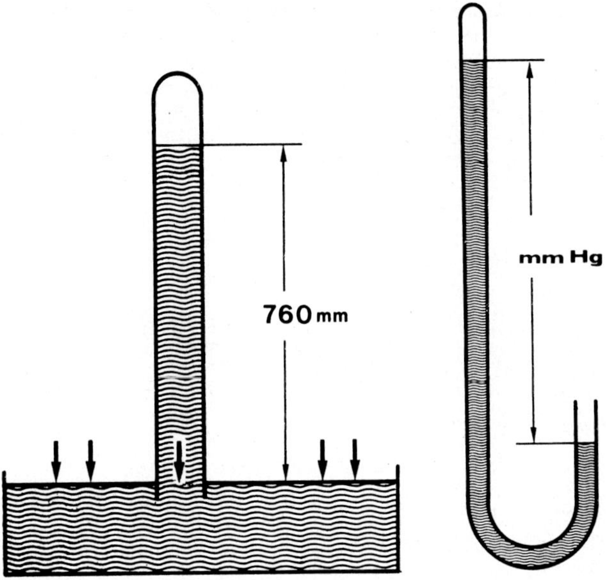

Zur Messung des Luftdruckes benützt man das Barometer, das im Prinzip wie der Torricelli'sche Versuch funktioniert. Läßt man den Luftdruck auf eine fast luftleer gepumpte Dose wirken und verbindet die obere Dosenfläche mit einem Zeigerinstrument, so läßt sich der Zeigerausschlag an einer feststehenden Skala ablesen.

Wirkt in Meereshöhe ein Druck entsprechend der Luftsäule in ihrer ganzen Höhe, so wirkt auf einem 2000 m hohen Berg der Druck der Luftsäule abzüglich der Gewichtskraft der Luftsäule von 2000 m Höhe, der Druck muß also geringer werden.

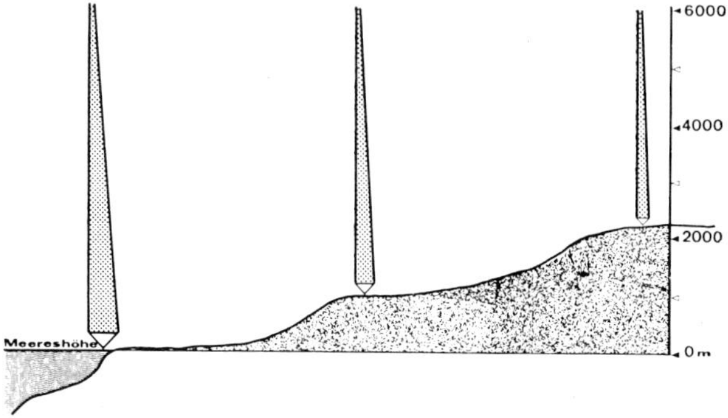

Die SI-Einheit des Drucks ist das Pascal (siehe S. 113). Im Feuerwehrdienst ergeben sich dadurch folgende Umstellungen:

Überdruckmeßgeräte messen Druckdifferenz zwischen Druck höher als Atmosphärendruck und Atmosphärendruck, mit z. B. 0–25 bar Anzeigebereich auf dem Zifferblatt. Einheiten: bar/mbar **ohne** weitere Zusatzangabe.

Unterdruckmeßgeräte messen Druckdifferenz zwischen Druck niedriger als Atmosphärendruck und Atmosphärendruck, mit z. B. Anzeigebereich auf dem Zifferblatt −1,0 (als 1 bar Unterdruck) bis 0. Zifferblätter mit Teilungen im Unterdruckbereich erhalten nunmehr einen waagrechten Strich vor jede Ziffer, **nicht** als Minuszeichen zu lesen! Die Striche sollen nur den Unterdruck kennzeichnen.

Absolutdruckmeßgeräte messen Druckdifferenz zwischen beliebigem Druck und Absolutdruck = 0.

Einheiten: bar/mbar ohne weitere Zusatzangabe. Manometerskala ist mit p_{abs} beschriftet.

Bisher verwendete Druckeinheiten werden wie folgt umgestellt:

$\frac{kp}{cm^2}$ wird bar, mit $1\frac{kp}{cm^2} = 1$ at $\approx 0{,}981$ bar $\approx 1\,000$ mbar

mm WS wird mbar, mit 1 mm WS ≙ 1 mbar

mWS bleibt ohne Ersatz (1 mWS ≙ 0,1 bar)
Torr wird mbar, mit 1 Torr = 1,33 mbar

Zum Messen höherer Drücke verwendet man Manometer. Hier läßt man den Druck auf Röhren mit elliptischem Querschnitt wirken, die sich unter der Einwirkung des Druckes dehnen.

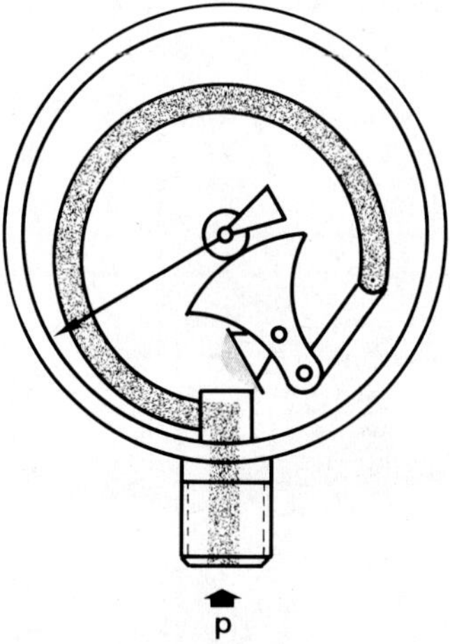

Wiederholt man den Torricelli'schen Versuch in umgekehrter Reihenfolge, pumpt man also die Luft aus der Röhre, so steigt das Wasser in Meereshöhe 10,33 m, in Höhenlagen entsprechend dem geringeren Luftdruck weniger.

Der gleiche Vorgang spielt sich beim Entlüften der Saugleitung ab. Das Wasser wird durch den jeweils wirkenden Luftdruck in die Feuerlöschkreiselpumpe gedrückt. In der FP wird das Wasser dann mit Hilfe von Schaufelrad und Leitapparat auf den notwendigen Druck gebracht.
Das Entlüften der Saugleitung zum Anheben des Wassers in die Höhe von Schaufelrad und Leitapparat setzt aber die Möglichkeit der Schaffung eines genügend großen Unterdruckes voraus.
Dieser Unterdruck kann nur durch eine besondere Hilfsvorrichtung geschaffen werden, da bei der FP (im Gegensatz zu einer Kolbenpumpe) Druck- und Saugraum nicht voneinander getrennt sind.

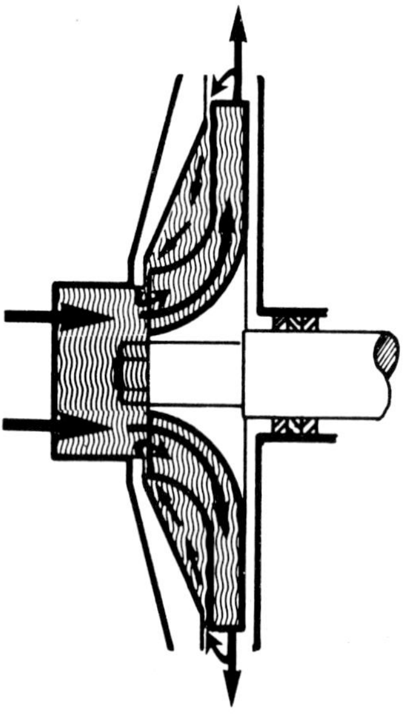

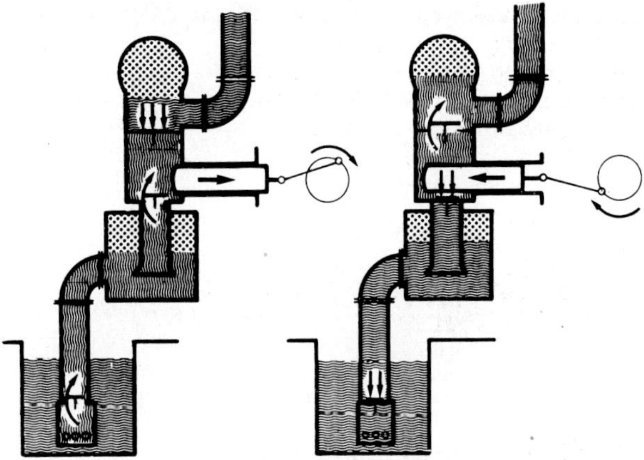

Bei der Kolbenpumpe besteht durch dichtschließende Ventile eine exakte Trennung von Druck- und Saugraum.

Eine weitere Anwendung findet die Ausnützung des Luftdruckes z. B. bei Saugglocken wie sie zum Transport großer Glasscheiben Verwendung finden. Entfernt man durch Drücken der Saugglocken die Luft aus dem Hohlraum, so wirkt auf der Oberseite der Glocken der Luftdruck.

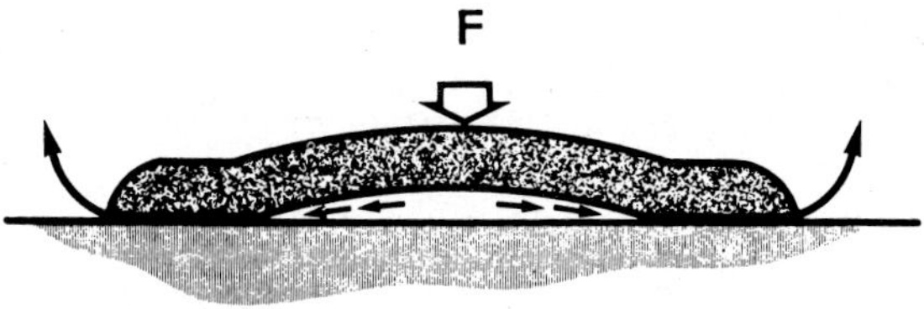

Bei einer Oberfläche von 30 cm^2 der Glocken ergibt sich eine Druckkraft des Luftdruckes von 300 N.
Voraussetzung dafür ist jedoch, daß der Gummi eine so starke Elastizität aufweist, daß diese den Unterdruck überhaupt schaffen kann.

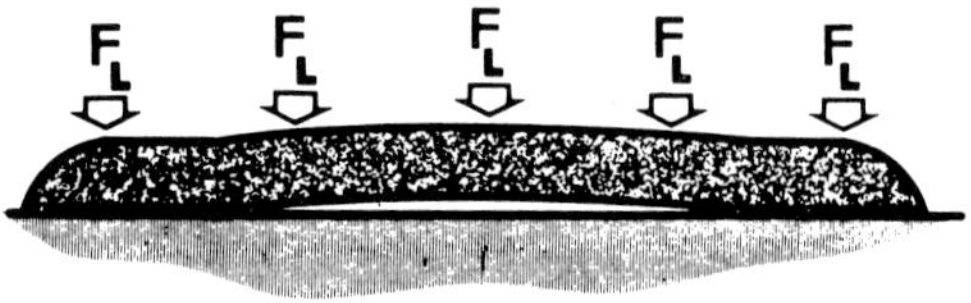

9.2. Zusammenhang Druck – Volumen

Befindet sich in einem Zylinder, Volumen 1 l, Luft unter dem normalen Luftdruck von 1 bar und halbiert man durch Einpressen eines Kolbens das Volumen auf 0,5 l, so zeigt ein angeschlossenes Manometer 2 bar an. Halbiert man das Volumen noch einmal (0,25 l), so stellen sich am Manometer 4 bar ein.

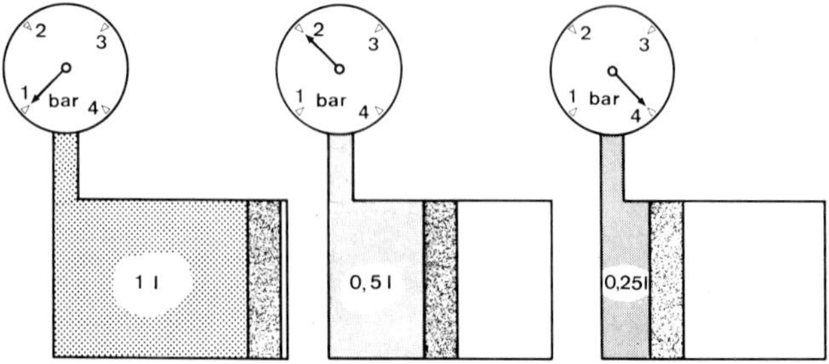

Da die eingeschlossene Luftmenge nicht verschwinden kann, steht der gleichen Zahl von Luftmolekülen nur der halbe bzw. der vierte Teil des Raumes zur Verfügung, d. h. das Anprallen der Luftmoleküle erfolgt öfters, der Druck steigt.

Die Menge der Luft bleibt gleich oder:

Das Produkt aus Druck und Volumen bleibt konstant

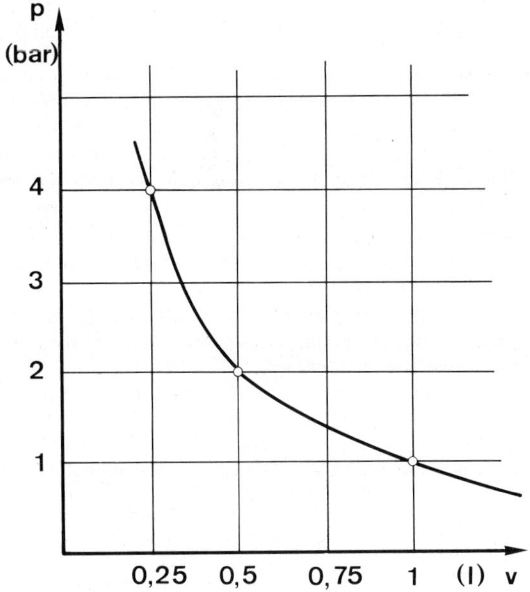

$p_0 \cdot V_0 = p \cdot V = \text{const.}$

Druck am Anfang · Volumen am Anfang = Druck am Ende · Volumen am Ende

Diese Gesetzmäßigkeit, die in den Jahren 1660 bzw. 1667 die Physiker Boyle und Mariotte fanden, wird als **Boyle-Mariottesches Gesetz** bezeichnet.

Voraussetzung für diese Gesetzmäßigkeit ist jedoch gleichbleibende Temperatur.

Mit dem Zusammenhang p · V läßt sich der Inhalt jeder Druckgasflasche berechnen.

Befindet sich in einem Raum von 4 l Preßluft unter einem Druck von 200 bar, so ergibt dies eine Luftmenge von

$200 \cdot 4 = 1 \cdot x$

$x = 800$ l

Anwendung findet diese Berechnung in erster Linie zur Bestimmung des Nährgasvorrates bei Atemschutz- und Tauchgeräten.

Der unter Wasser herrschende Druck wirkt sich auch auf das Volumen der Preßluft aus, die dem Taucher zur Verfügung steht.

Da der Druck der eingeatmeten Luft mindestens dem Druck der Wassersäule entsprechen muß, verringert sich der zur Verfügung stehende Luftvorrat.

Stünde die Luft unter einem geringeren Druck als dem der Wassersäule, so wäre der Brustkorb des Tauchers nicht in der Lage, sich auszudehnen.

Weist ein Tauchgerät z. B. ein Flaschenvolumen von $2 \cdot 7\,\text{l} = 14\,\text{l}$ auf, so ergibt sich daraus ein Luftvorrat von 2800 l.

Könnte der Taucher an der Oberfläche bei einem Luftverbrauch von $40 \frac{\text{l}}{\text{min}}$ sein Gerät 2800:40 = 70 min $(\text{l} : \frac{\text{l}}{\text{min}} = \text{min})$ benützen,

so verringert sich die Tauchzeit bei einer Tiefe von 30 m

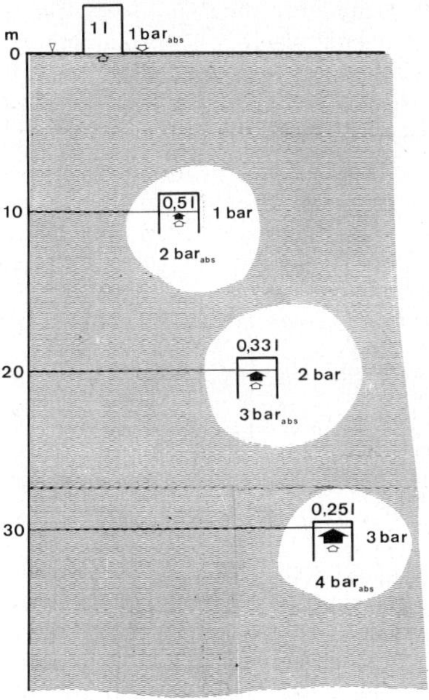

(4 bar) und einem entsprechenden Luftverbrauch von $4 \cdot 40 = 160 \frac{l}{min}$ auf eine Zeit von ca. 17 min.

Wie bereits am Anfang des Kapitels erwähnt, hängen die Gesetzmäßigkeiten von Gasen auch von der Temperatur ab.
Obwohl die Zusammenhänge in das Gebiet der Wärmelehre gehören, sollen sie hier kurz erwähnt werden.

Bei erhöhter Temperatur bewegen sich die Gasteilchen schneller und genau wie ein Fahrzeug mit höherer Geschwindigkeit bei einem Auffahrunfall einen größeren Schaden erleidet – „die Wucht wird größer“ – erhöht sich die Wucht der Gasteilchen auf die Gefäßwandung – der Druck steigt an –.

Zur Berechnung dieser Zusamenhänge muß vorher noch die absolute Temperaturangabe kurz erläutert werden, da die Angabe der Temperatur in Grad Celsius für diese Zwecke nicht geeignet ist.
Durch Versuche kam man zu der Erkenntnis, daß sich das Volumen von Gasen bei der Abkühlung um 1° um $\frac{1}{273}$ verringert.

Verringert man also die Temperatur um 273°, so müßte theoretisch das ganze Volumen verschwunden sein.
Eine tiefere Temperatur als –273° C kann also nicht auftreten.

Die Temperaturskala, die –273° C als **Nullpunkt** annimmt, wird als **absolute Temperaturskala** bezeichnet und nach dem Physiker Lord Kelvin, der dieses Gedankenexperiment zuerst durchführte, in Kelvin K eingeteilt, wobei der Abstand der einzelnen Punkte dem der Celsiusskala entspricht.
Kleidet man diese Erkenntnis in eine Formel, so ergibt sich das Gesetz von Gay-Lussac

$$\frac{\text{Volumen am Anfang}}{\text{Temperatur am Anfang}} = \frac{\text{Volumen am Ende}}{\text{Temperatur am Ende}}$$

$$\frac{V_0}{T_0} = \frac{V}{T}$$

Kann sich ein Gas bei Temperaturerhöhung frei ausdehnen, d. h. kann der Druck gleichbleiben, so läßt sich mit dieser Formel der Raumbedarf einer bestimmten Menge

Gas (z. B. Luft) berechnen, die bei einem Brand auf eine bestimmte Temperatur gebracht wird.
Erwärmt sich die Luft über einem Brandherd von + 20° C = 293 K auf ca. 800° C = 1073 K, so nehmen z. B. 200 m³ nach der Erwärmung einen Raum von 730 m³ ein.

$$\frac{V_0}{T_0} = \frac{V}{T}; \qquad V = \frac{T\,V_0}{T_0}$$

$$V = \frac{1073 \cdot 200}{293}$$

V = 729 m³

Diese 729 m³ enthalten die gleiche Anzahl von Molekülen wie die 200 m³ vor der Erwärmung, sie verdrängen 729 m³ kalte Luft.

1 m³ Luft	wiegt	1,29	kg
729 m³	wiegen	940	kg
200 m³	wiegen	258	kg

Da die 200 m³ Luft, die sich auf 729 m³ ausgedehnt haben, nach wie vor die Gewichtskraft von 2580 N aufweisen, ergibt sich, wie beim Auftrieb in Flüssigkeiten: Auftrieb = Gewichtskraft des verdrängten Mediums (Stoffes, Mittel).

Gewichtskraft der verdrängten Luft	9 400 N
Gewichtskraft der erwärmten Luft	2 580 N
Auftriebskraft	**6820 N**

Die erwärmte Luft steigt also nach oben und saugt dadurch die Menge Luft in den Brandherd, die der Menge der erwärmten Luft entspricht.

Zwischen dem Druck und der Temperatur besteht ebenfalls ein Zusammenhang. Kann sich das Volumen nicht vergrößern, befindet sich das Gas also in einem geschlossenen Raum, so steigt der Druck pro Grad Erwärmung um

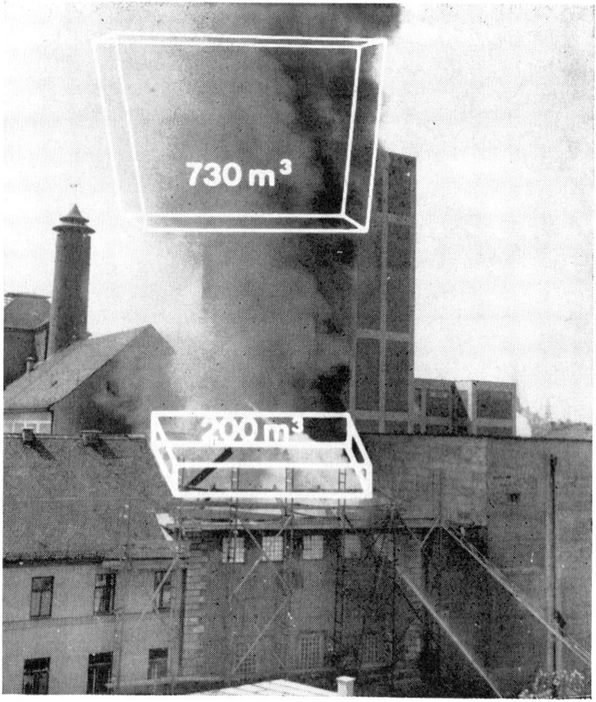

$\frac{1}{273}$ bar oder

$$\frac{\textbf{Druck am Anfang}}{\textbf{Temperatur am Anfang}} = \frac{\textbf{Druck am Ende}}{\textbf{Temperatur am Ende}}$$

$$\frac{p_0}{T_0} = \frac{p}{T}$$

Erwärmt sich das Volumen einer Sauerstoff- oder Preßluftflasche im Brandfall von + 20° C = 293 K auf 600° C = 873 K, so ergibt sich ein Druck von 594 bar.

$$p = \frac{p_0\ T}{T_0}$$

$$p = \frac{200 \cdot 873}{293}$$

$$p = 200 \cdot 2{,}97$$

p = 594 bar

Dieser Druck wird jedoch in den meisten Fällen zum Zerknall der Flaschen führen.

Da nach dem Zusammenhang Druck · Volumen = const. dieses Gasvolumen bei einem Flaschenvolumen von z. B. 50 l eine Gasmenge von 594 × 50 = 29 700 l = 29,7 m^3 ergibt, werden im Brandraum schlagartig 29,7 m^3 Gas frei, die auf die Umgebung einen bestimmten Druck ausüben. Beträgt das Volumen des Brandraumes z. B. 100 m^3 so ergibt sich eine Drucksteigerung von 0,297 bar.

$$p_0 V_0 = p\ V$$

$$1 \cdot 129{,}7 = p \cdot 100$$

$$p = \frac{1 \cdot 129{,}7}{100}$$

p = 1,297 bar

Der Überdruck im Raum beträgt also 0,297 bar. Wenn man bedenkt, daß ein Druck von 0,1 bar einem Druck von 10000 $\frac{N}{m^2}$ entspricht, in dem Beispiel pro m^2 dementsprechend 29700 $\frac{N}{m^2}$ wirken, lassen sich die verheerenden Folgen von Druckgefäßzerknallen leicht verstehen.

10. Bewegte Flüssigkeiten und Gase

Obwohl Flüssigkeiten und Gase hinsichtlich ihrer Zusammendrückbarkeit vollkommen verschieden reagieren, gelten für die Strömung von Flüssigkeiten und Gasen die gleichen Gesetzmäßigkeiten, solange die Strömungsgeschwindigkeiten nicht größer als ca. $340 \frac{m}{s}$ (Schallgeschwindigkeit) werden.

10.1 Ausfluß aus Behältern.

Fließt aus einem Behälter mit einer bestimmten Flüssigkeitshöhe Flüssigkeit, so stellt sich an der Ausströmöffnung eine bestimmte Ausströmgeschwindigkeit ein, ähnlich der Abhängigkeit der Fallgeschwindigkeit beim freien Fall.
Die Menge der Flüssigkeitsteilchen, die an der Ausströmöffnung nach unten fällt, fehlt am oberen Ende der Flüssigkeit, der Flüssigkeitsspiegel fällt.
Die Teilchen, die ausströmen, fehlen also am Flüssigkeitsspiegel oder anders ausgedrückt, die Fallhöhe der Teilchen entspricht der Höhe der Flüssigkeit im Behälter.

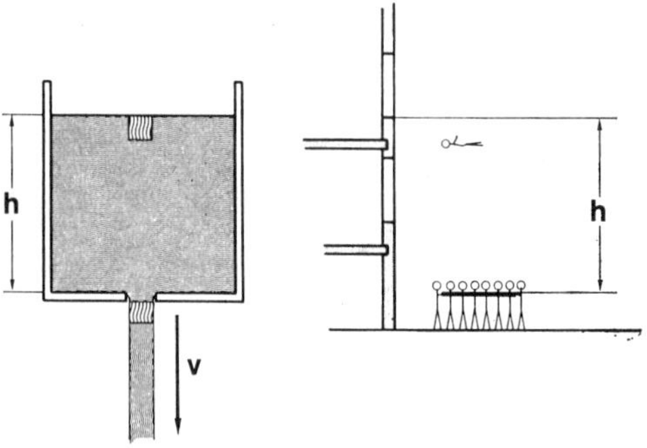

Aus dem Gesetz des freien Falls ist die Beziehung $v = \sqrt{2gh}$ bekannt. Diese Beziehung gilt auch für den Ausfluß von Flüssigkeiten, wobei die Höhe h der Höhe des Flüssigkeitsspiegels über der Ausströmöffnung entspricht. Die Ausströmgeschwindigkeit bei Strahlrohren beträgt bei 50 mWS demnach

$$v = \sqrt{\mathbf{2\,gh}}$$

$$v = \sqrt{19{,}62 \cdot 50} \qquad \left[\sqrt{\frac{m \cdot m}{s^2}}\right]$$

$$\mathbf{v = 31{,}3\ \frac{m}{s}}$$

Da in der Formel der Querschnitt der Ausströmöffnung nicht erscheint, hängt die Geschwindigkeit nur von der Höhe des Flüssigkeitsspiegels ab.
Bewegt sich Flüssigkeit durch eine Rohrleitung, so läßt sich aus Fließgeschwindigkeit und Rohrquerschnitt die durchgelaufene Flüssigkeitsmenge berechnen.

Bei einer Fließgeschwindigkeit von z. B. $10\frac{m}{s}$ legt ein Flüssigkeitsteilchen in jeder Sekunde 10 m zurück. Da Flüssigkeiten nicht kompressibel sind, legen auch alle Teilchen vor und hinter dem betrachteten $10\frac{m}{s}$ zurück. Bei einem Rohrquerschnitt von z. B. 100 cm^2 ergibt sich also eine Flüssigkeitssäule von 10 m Länge und 100 cm^2 Fläche, die sich am Beobachter in 1 Sekunde vorbeibewegt.
Als Formel geschrieben ergibt sich also:
Flüssigkeitsmenge im m^3 = Querschnitt der Leitung in m^2 · Fließgeschwindigkeit in $\frac{m}{s}$

$$\mathbf{Q = A \cdot v} \left[\frac{m^3}{s}\right]$$

Natürlich lassen sich in diese Formeln auch kleinere Einheiten einfügen, damit überschaubare Größen erscheinen.

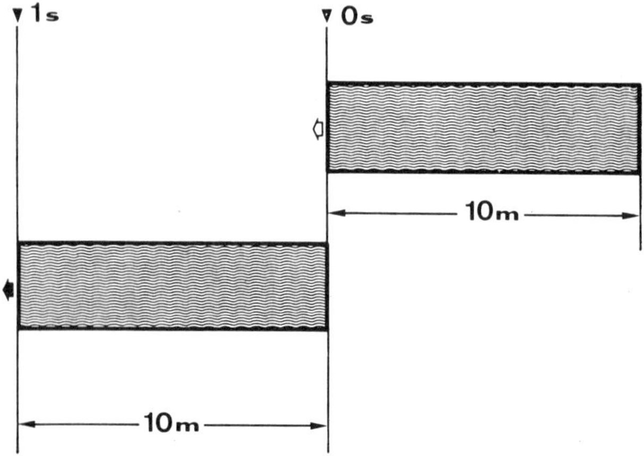

Mit dieser Formel läßt sich jetzt für jede Mundstücksweite von Strahlrohren die Durchflußmenge bestimmen.

Fließgeschwindigkeit bei 80 m WS

$$v = \sqrt{2gh}$$

$$v = \sqrt{19{,}62 \cdot 80}$$

$$v = 39 \frac{m}{s} = 23\,400 \frac{dm}{min}$$

Strahlrohrweite (Düse) B-Rohr 22 mm

$A = 0{,}038\ dm^2$

$$Q = 0{,}038 \cdot 23\,400 \left[\frac{dm^2 \cdot dm}{min}\right] \qquad \mathbf{Q = 889\ \frac{l}{min}}$$

Die Kenntnis vom Zusammenhang von Ausströmungsgeschwindigkeit und -Querschnitt muß jedoch auch die Form der Öffnung berücksichtigen.

Jedem Feuerwehrmann wird vom Umfüllen von Flüssigkeiten bekannt sein, daß sich der ausfließende Strahl nach dem Verlassen der Öffnung einschnürt. Diese Erscheinung wird die tatsächlich ausströmende Menge teilweise erheblich verringern.

Die Minderleistung wird durch eine dimensionslose Zahl, die man als **Ausflußziffer** μ bezeichnet, ausgedrückt. Der

Wert der Zahl ist immer kleiner als 1, da ja die Menge geringer wird.
Das theoretische Ergebnis muß also noch mit μ multipliziert werden.

Bei gut gerundeten Öffnungen $\mu = 0{,}97$
Bei scharfkantigen Öffnungen $\mu = 0{,}6$

Zur Abschätzung z. B. auslaufender Ölmengen bei Ölunfällen (Lecks in Öltanks usw.) läßt sich diese Formel gut verwenden.
Ein Leck, z. B. ein abgerissenes Bodenventil eines Tankwagens, weist 8 cm Durchmesser auf. Höhe des Ölspiegels 1,5 m.
Da in dem Tank die Höhe des Flüssigkeitsspiegels laufend fällt, ergibt sich eine stetige Änderung der Fließgeschwindigkeit vom Höchstwert bis zur Geschwindigkeit O, d. h. bis zum völligen Auslaufen. Diese Änderung berücksichtigt man durch die Einführung des Begriffes der mittleren Ausströmgeschwindigkeit, die als v_m bezeichnet wird.

Sie beträgt: $\dfrac{\text{Anfangsgeschwindigkeit} + \text{Endgeschwindigkeit}}{2}$

$$v_m = \frac{v_a + v_e}{2}$$

In unserem Fall ergibt sich dann

$v_a = \sqrt{2\,gh}$ $\quad v_e = 0$ $\quad v_m = \dfrac{5{,}4 + 0}{2}$

$v_a = \sqrt{19{,}62 \cdot 1{,}5}$

$\mathbf{v_a = 5{,}43\ \dfrac{m}{s}}$ $\quad v_m = 2{,}7\dfrac{m}{s} = 1620\dfrac{dm}{min}$

Daraus ergibt sich eine Ausflußmenge von

$Q = A \cdot v$

$\mathbf{Q = 810\ \dfrac{l}{min}}$ $\quad Q = 0{,}5 \cdot 1620 \left[dm^2 \cdot \dfrac{dm}{min}\right]$

Durch die scharfkantige Ausströmöffnung ergibt sich

$\mathbf{Q_{tats.} = 810 \cdot 0{,}6 = 486\ \dfrac{l}{min}}$

Auffangplanen, Umfüllpumpen usw. müssen entsprechend der auslaufenden Menge dimensioniert werden.

11. Festigkeitslehre

Die Kenntnisse der Mechanik, die die **Wirkungen** der Kräfte aufzeigt, ermöglichen eine **Anwendung** dieser Kenntnisse in einem Gebiet der Technik, das auf dem Grundwissen der Mechanik aufbaut.
Dieses Gebiet wird als **Festigkeitslehre** bezeichnet. Sie beschäftigt sich mit der Festigkeit und Sicherheit von Konstruktionsteilen.
Je nach Belastung treten eine Reihe von Spannungen an einem Bauteil auf. Unter **Spannung** versteht man eine **Kraft pro Flächeneinheit.**

$$\textbf{Spannung} = \frac{\textbf{Kraft}}{\textbf{Flächeneinheit}}$$

Die Spannungen werden unterteilt in Normalspannungen und Schub- oder Querspannungen.

Vorher aber noch ein wichtiger Begriff aus der Festigkeitslehre, der Begriff **„Sicherheit“.** Jedes Bauteil muß eine gewisse Sicherheit gegen Zerstörung oder Bruch aufweisen. Je nach Verwendung wird man die Sicherheit entsprechend hoch wählen, d. h. das Bauteil wird entsprechend groß dimensioniert, um mit Bestimmtheit eine Zerstörung auszuschließen.
So wird man das Auszugseil einer Drehleiter mit höherer Sicherheit ausführen als das Seil der Verspannung einer Sendeantenne.
Als Sicherheit bezeichnet man das Verhältnis von Bruchfestigkeit zur tatsächlichen Belastung.
Das Auszugseil einer Drehleiter weist eine angenommene Bruchfestigkeit von 40 000 N auf. Wird dieses Seil im normalen Betrieb mit 5 000 N beansprucht, so ergibt sich eine

Gebrauchszahl (nach DIN) von $\frac{4000}{500} = 8.$

Das Seil weist also eine 8fache Sicherheit gegen Bruch auf.

$$\text{Gebrauchszahl} = \frac{\text{Bruchfestigkeit}}{\text{zulässige Kraft}}$$

Aus dieser Formel ergibt sich auch die Belastung, mit der ein Bauteil höchstens beaufschlagt werden darf, wenn dieses eine bestimmte Sicherheit aufweisen muß.

Das Zugseil mit einer Bruchfestigkeit von 40000 N muß mind. die Gebrauchszahl 8 aufweisen. Daraus ergibt sich:

$$\text{Zul. Zugkraft} = \frac{\text{Bruchfestigkeit}}{\text{Gebrauchszahl}}$$

$$F_{zul} = \frac{40\,000}{8} \text{ [N]}$$

Maximale Beanspruchung 5000 N

Die Festigkeitslehre rechnet jedoch mit Spannungen, die Formeln werden also folgendermaßen geschrieben:

Zulässige Spannung: $\frac{\text{Grenzspannung}}{\text{Sicherheit}}$ $\quad \sigma = \frac{\sigma_{Grenz}}{\nu} \left[\frac{N}{mm^2}\right]$

Sicherheit: $\frac{\text{Grenzspannung}}{\text{zulässige Spannung}}$ $\quad \nu = \frac{\sigma_{Grenz}}{\sigma_{zul}} \left[- \right]$

11.1 Normalspannungen

Als Normalspannungen werden alle Spannungen bezeichnet, die **senkrecht** zum belasteten Querschnitt liegen. Als Kurzzeichen der Normalspannungen verwendet man das Zeichen σ (Sigma).

Zugspannung: Beanspruchung eines Seilquerschnittes oder der Zugstange eines Anhängers.

$$\sigma_Z = \frac{F}{A} \quad \left[\frac{N}{mm^2}\right]$$

Druckspannung: Beanspruchung der Abstützspindel einer Drehleiter.

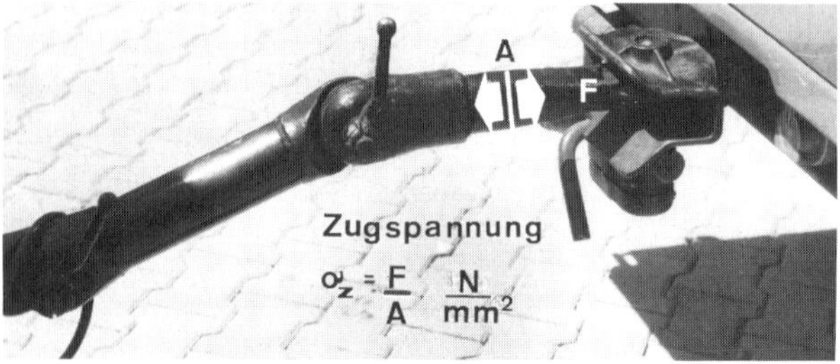

Flächenpressung: Während die Druckspannung **im** Körper wirkt, ergibt sich Flächenpressung zwischen 2 verschiedenen Körpern.

Beanspruchung des Bodens durch Stützteller der Drehleiter.

Knickspannung: Knickspannung tritt auf, wenn verhältnismäßig lange Bauteile auf Druck beansprucht werden. Abstützungen und Aussteifungen.

Biegespannung: Bei der Biegung treten im Material gleichzeitig Zug- und Druckspannungen auf.
Durchbiegung von Eisenträgern bei unzulässiger Beanspruchung. Durchbiegung von Holzbohlen bei Stegen.

Nun zu den einzelnen Spannungen:

11.1.1. Zugspannung

Zugspannungen werden definiert als

$$\sigma_z = \frac{F}{A} \quad \left[\frac{N}{mm^2}\right]$$

Das Zugseil einer Vorbauseilwinde hat bei einem Durchmesser von 16 mm einen metallischen Querschnitt von 0,98 cm^2.

Daraus ergibt sich bei einer Zugkraft von 45 kN eine

Zugspannung von $\frac{45\,000}{0{,}98} = 46\,000 \frac{N}{cm^2}$ oder $460 \frac{N}{mm^2}$

Drahtseile werden mit Bruchfestigkeiten von 1 300, 1 600 und $1\,800 \frac{N}{mm^2}$ hergestellt.

Für das Seil ergibt sich bei σ_B $1\,600 \frac{N}{mm^2}$ eine Sicherheit von

$$\nu = \frac{\sigma_B}{\sigma_Z}\ ; \quad \nu = \frac{1\,600}{460} = 3{,}5$$

Aus der Formel $\sigma_Z = \frac{F}{A}$ läßt sich auch der erforderliche Querschnitt des belasteten Teiles berechnen.

$$A = \frac{F}{\sigma_Z}$$

Die Zugstange eines Anhängers überträgt bei einem Anhängergewicht von 12 t (≙ 120 kN Gewichtskraft) beim Anfahren eine Zugkraft von max. 80 000 N.

Beträgt die zulässige Zugfestigkeit des Stahles der Zugstange $5\,000 \frac{N}{cm^2}$, so ergibt sich daraus eine Fläche des Querschnittes von $A = \frac{80\,000}{5\,000} = 16\ cm^2$ und daraus ein Durchmesser von 4,5 cm.

Wird für die Zugstange Material mit einer Zugfestigkeit von $2\,500 \frac{N}{cm^2}$ verwendet, so errechnet sich ein Durchmesser von 6,4 cm.

Man sieht an diesem Beispiel, daß die Güte des Materials **direkten** Einfluß auf die Dimensionierung des Bauteiles hat.

Außerdem spielt die **Art** der Belastung eine erhebliche Rolle in der Belastungsfähigkeit der Materialien.

Stahlguß, wie er für den Bau von Anhängerzugstangen Verwendung findet, kann bei ruhender Belastung, d. h. bei Belastung, die in Richtung **und** Größe gleich bleibt, mit

$6000\text{–}12000 \ \frac{N}{cm^2}$ belastet werden.

Gleichbleibende Belastung ergibt sich u. a. bei Zugankern, an Verspannungen aller Art. Diese Belastung wird auch als ruhende Belastung bezeichnet. Ändert sich dagegen die Belastung laufend in ihrer Größe, so spricht man von schwellender Belastung. Als typisches Beispiel ergibt sich hierfür die Hakenflasche eines Kranes. Die Last ändert sich von 0 bis zu einem Höchstwert und geht dann wieder auf 0 zurück.

Belastungsgrenze für Stahlguß bei schwellender Belastung

$4000\text{–}8000 \ \frac{N}{cm^2}$

Wechselt die Kraft laufend Richtung und Größe, wie bei der Zugstange eines Anhängers, so spricht man von wechselnder Belastung. – Zug beim Anfahren – Druck beim Bremsen –.

Die Belastungsfähigkeit wird noch geringer. Für Stahlguß

$2000\text{–}4000 \ \frac{N}{cm^2}$

Vergleicht man die 3 Zugfestigkeiten miteinander, so ergibt sich eine große Abnahme der Festigkeit bei wechselnder Belastung.

Ruhende Belastung	6000–12000	$\frac{N}{cm^2}$
Schwellende Belastung	4000– 8000	$\frac{N}{cm^2}$
Wechselnde Belastung	2000– 4000	$\frac{N}{cm^2}$

Noch ungünstiger wirkt sich stoßartig auftretende Belastung aus. Dieser Fall tritt auf, wenn z. B. ein unter Belastung stehendes Drahtseil plötzlich zusätzlich belastet wird (Nachgleiten des Seiles an der Last o. ä.).

Jedes Material weist eine gewisse Elastizität auf, es ändert unter Belastung seine Form. Wird das Seil **langsam** belastet, so kann sich die Elastizität langsam der Belastung angleichen. Bei voller Belastung befindet sich das Material nahe seiner Belastungsgrenze oder Elastizitätsgrenze, die Elastizität ist größtenteils aufgebraucht. Tritt nun **schlagartig** eine zusätzliche Belastung auf, weisen die Materialteilchen nicht mehr genügend Elastizität auf, um sich noch mehr dehnen zu können. – Die Elastizitätsgrenze wird überschritten, das Seil reißt. –

11.1.2. Druckspannung

Wird der Querschnitt eines Konstruktionsteiles auf Druck beansprucht, ergibt sich ähnlich der Zugspannung eine Beanspruchung pro Flächeneinheit.

$$\text{Druckspannung } \sigma_D = \frac{F}{A} \quad \left[\frac{N}{cm^2}; \frac{N}{mm^2}\right]$$

Bei Überbeanspruchung wird das Material ausgequetscht und nimmt im Durchmesser zu.

Der Kolben einer hydraulischen Presse, die mit 20 t belastet wird, erfährt bei einer Kolbenfläche von 33 cm^2

(D = 6,5 cm) eine Druckspannung von $\frac{200\,000}{33} \left[\frac{N}{cm^2}\right]$

$$\sigma_D = \mathbf{6060} \left[\frac{\mathbf{N}}{\mathbf{cm^2}}\right]$$

11.1.3. Flächenpressung

Im Gegensatz zur Druckspannung, die die Belastung im Materialinneren, **im Querschnitt** angibt, spricht man von Flächenpressung, wenn 2 Körper sich berühren.

Flächenpressung tritt auf in Lagern, in Gewinden, bei Fahrzeugen zwischen Reifen und Boden usw.

Ein Kran hebt, mit 4 Stützspindeln abgestützt, 10 t . Pro Spindel wirken 25 kN . Bei einer Fläche des Spindeltellers von 710 cm^2 (D = 30 cm) ergibt sich eine Flächenpressung von

$$p = \frac{25000}{710} \left[\frac{N}{cm^2}\right]$$

$$\mathbf{p = 35{,}2} \left[\frac{N}{cm^2}\right]$$

Vergrößert man durch Unterlegen der Unterlagsklötze die Fläche auf 1600 cm² (40 cm · 40 cm), so verringert sich die Flächenpressung auf

$$p = \frac{25000}{1600} \left[\frac{N}{cm^2}\right]$$

$$\mathbf{p = 15{,}6} \left[\frac{N}{cm^2}\right]$$

Das Unterlegen entsprechend großer Unterlagsklötze ist also eine einfache Möglichkeit, das Einsinken von Fahrzeugen auf weichem Untergrund zu verhindern, da die Last auf entsprechend große Flächen verteilt wird.

11.1.4. Biegespannung

Aus dem Kapitel über Hebel und ihre Anwendung ist der Begriff des Drehmomentes bekannt.
Bei Biegespannungen tritt ein ähnliches Produkt auf. Wird ein Träger an einer Stelle fest eingespannt (Kranarm, Drehleiter im Freistand), so bezeichnet man das Produkt aus Hebelarm und wirkender Kraft als **Biegemoment.**
Das Biegemoment wächst mit der Länge des Hebelarmes, wird also an der Einspannstelle den größten Wert erreichen.

$M_B = a \cdot F$ (Nm, Ncm)

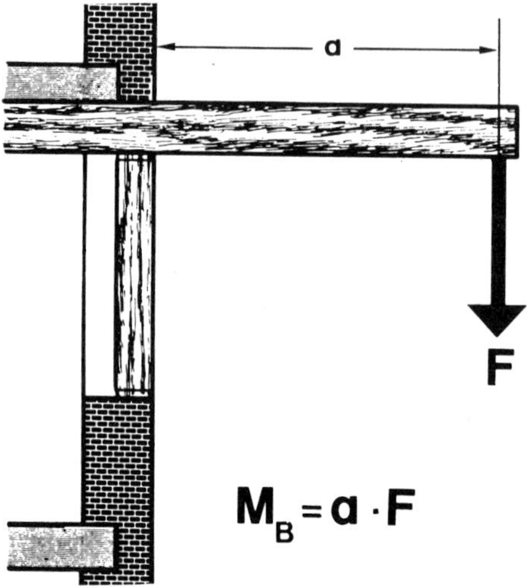

Baut man z. B. zum Ablassen von Brandschutt einen behelfsmäßigen Ausleger nach gezeichneter Anordnung, so ergibt sich bei einer Last von 100 kg (≙ 1000 N Gewichtskraft) und einer Auslegerlänge des Balkens von 1,5 m ein Biegemoment von $M_B = 1000 \cdot 1{,}5 = 1500$ Nm oder 150 000 Ncm.

Dieses Biegemoment sagt jedoch noch nichts über zulässige oder unzulässige Belastung aus. Hierzu muß erst noch das Widerstandsmoment bekannt sein, d. h. das Widerstandsvermögen des Materialquerschnittes gegen Biegung. Dieses Vermögen hängt in erster Linie von der **Form** des Materials ab.

Aus der Praxis ist allgemein bekannt, daß I-Träger gegen Biegung sehr widerstandsfähig sind.

Bei diesen Doppel-T-Trägern liegen viele Materialteilchen von der Mitte des Querschnittes, die auch als neutrale Faser bezeichnet wird, entfernt.

Das Widerstandsmoment steigt also bei Querschnitten, bei denen viele Materialteilchen von der neutralen Faser entfernt liegen.

Das Widerstandsmoment, auf dessen Herleitung hier verzichtet wird, mißt man in cm³ und entnimmt es aus Tabellenbüchern.

Mit diesem Widerstandsmoment läßt sich nun die Biegespannung berechnen.

$$\sigma_B = \frac{M_B}{W} \left[\frac{N}{cm^2}\right]$$

Das Beispiel des Holzbalkens als Freiträger ergäbe bei einem Querschitt des Balkens von 256 cm³ (16 cm · 16 cm²) ein Widerstandsmoment von 683 cm³ und damit eine Biegespannung von

$$\sigma_B = \frac{150\,000}{683} = 220 \left[\frac{N}{cm^2}\right]$$

Vergleicht man 5 Querschnitte, die jeweils 33,5 cm² Fläche aufweisen, so ergeben sich folgende Werte:

Widerstandsmoment					
19	27	33	44	46	214 cm^3
3,3 / 10,0	6,5	5,8 / 5,8	4,6 / 8,0	8,4 / 4,0	20 / 9,0
Flächeninhalt jeweils 33,5 cm^2					

Ähnlich verhält sich der Rechnungsgang bei Trägern, die an 2 Stellen aufliegen (Brücken, Stege usw.). Hier tritt jedoch die max. Biegungsspannung am Angriffspunkt der Last auf, da hier das Material am meisten auf Biegung beansprucht wird.

Diese Biegemomente können zeichnerisch aufgezeigt werden, wobei ähnlich dem Kräftemaßstab bei der Aufzeichnung von Kräften, ein Maßstab der Biegemomente zu wählen ist.

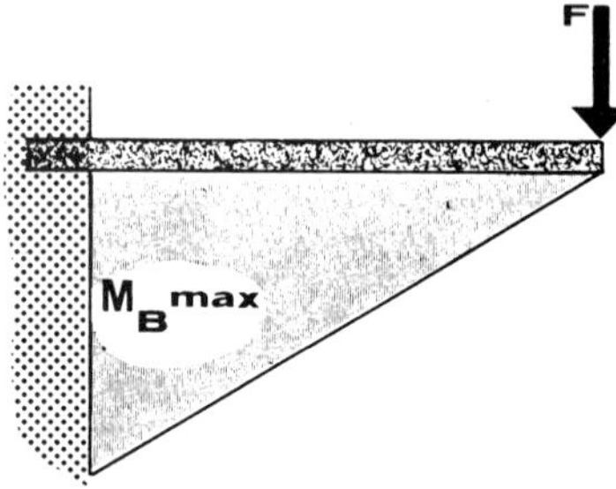

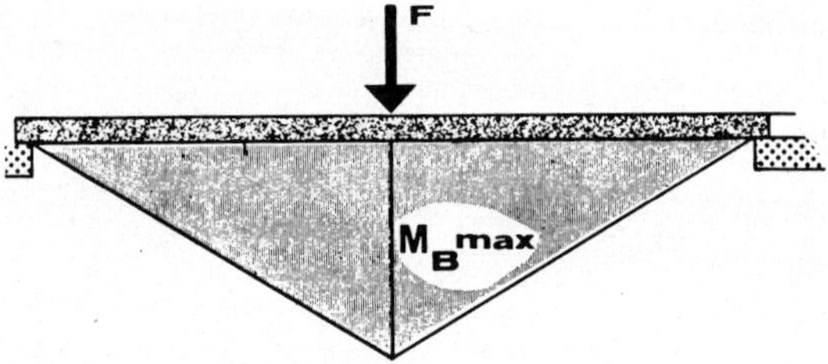

11.1.5. Knickspannungen

Zur Festlegung der Sicherheit gegen Knickung hat man bestimmte Sicherheitszahlen festgelegt, die entsprechend den verwendeten Materialien gewählt werden.

	Stahl	Grauguß	Holz
Sicherheitszahl	5	8	12

Die zulässige Beanspruchung ergibt sich aus

$$\text{Zulässige Beanspruchung} = \frac{\text{Knickkraft}}{\text{Sicherheitszahl}} \qquad F_{zul} = \frac{F_k}{s} \text{ [N]}$$

Der Knickdruck hängt jedoch von Länge und Durchmesser des Stabes ab. Die Berechnung wird sehr schwierig und soll deshalb hier nicht durchgeführt werden.

11.2. Schubspannungen

Schub- oder Querspannungen **in Richtung** des beanspruchten Querschnittes.
Die Spannungen versuchen die belasteten Querschnitte gegeneinander zu verschieben.
Abscherspannung: Abscherspannung tritt auf am Kupplungsbolzen einer Anhängerkupplung, an Nietverbindungen usw.

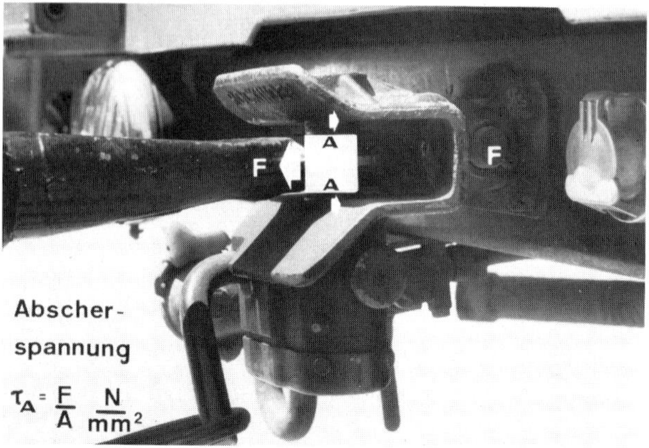

Verdrehspannung: Verdrehspannungen ergeben sich an allen Teilen, die auf Drehung beansprucht sind. Jedes Drehmoment erzeugt Verdrehspannung (Torsionsspannung) an Schrauben, Wellen usw.

11.2.1. Abscherspannung

Betrachtet man den Kupplungsbolzen einer Anhängerkupplung, so läßt sich leicht ersehen, daß die Zugkraft des Fahrzeuges, bzw. die Gegenkraft des Anhängers auf eine Fläche wirkt, die der Fläche des Kupplungsbolzens entspricht. Die Kraft wirkt aber in diesem Fall auf 2 Flächen, da der Bolzen an 2 Stellen geschnitten (abgeschert) würde. Als Kurzzeichen der Schubspannungen verwendet man den Buchstaben τ (tau) und schreibt

$$\tau_A = \frac{F}{A} \left[\frac{N}{cm^2}\right]$$

In diesem speziellen Fall also $\tau_A = \frac{F}{2\,A} \left[\frac{N}{cm^2}\right]$

Wirken z. B. 3 t Anfahrlast auf einen Bolzen mit 3 cm Durchmesser, so ergibt sich eine Abscherspannung von

$$\tau_A = \frac{30\,000}{2 \cdot 7{,}06} \left[\frac{N}{cm^2}\right]$$

$$\boldsymbol{\tau_A = 2125} \left[\frac{N}{cm^2}\right]$$

Durch Umstellen der Formel nach der Kraft F ließe sich bei bekannter Abscherfestigkeit, die aus Tabellen entnommen werden kann, die Kraft berechnen, mit der eine Blechschere oder Stanze beaufschlagt werden müßte, um ein Blech von bekannter Stärke zu durchschneiden.

11.2.2 Verdrehspannung (Torsionsspannung)

Der Begriff des Drehmomentes ist bekannt. Drehmomente versuchen einen Materialquerschnitt (meist kreisförmig) zu verdrehen. Dieses Drehmoment – Kraft · Hebelarm – wirkt auf den Materialquerschnitt in erster Linie an der Mantelfläche.

Ähnlich wie bei der Biegespannung wirken auch hier **die** Materialteilchen, die weit von der Mittellinie entfernt sind, am stärksten **gegen** die Verdrehung. Die Elastizität dieser Teilchen wird also am ersten aufgebraucht sein. An diesen Stellen wird es zum Einreißen des Materials kommen. Rechteckige oder quadratische Querschnitte, bei denen ungleichmäßig Teilchen von der Mittellinie entfernt sind, eignen sich also nicht für Bauteile, die auf Verdrehung beansprucht werden.

Das Widerstandsvermögen gegen Verdrehung nennt man ebenfalls Widerstandsmoment und schreibt

$$\boldsymbol{\tau_T = \frac{M_D}{W} \left[\frac{N}{cm^2}\right]}$$

Wirkt an der Kurbel einer Zahnstangenwinde eine Kraft von 300 N auf einen Hebelarm von 40 cm, so ergibt sich ein Drehmoment von 300 N · 40 cm = 12 000 Ncm
Bei einem Durchmesser der Ritzelwelle von 2 cm ergibt sich ein Widerstandsmoment von 1,6 cm^3.

Aus der Beziehung $\tau_T = \frac{M_D}{W}$ ergibt sich

$$\tau_T = \frac{12\,000}{1{,}6} \left[\frac{Ncm}{cm^3}\right]$$

$$\boldsymbol{\tau_T = 7500 \left[\frac{N}{cm^2}\right]}$$

Außer Normal- und Schubspannungen treten noch zusammengesetzte Spannungen auf, bei denen Normal- **und** Schubspannungen zusammenwirken. Diese zusammengesetzten Spannungen können sein:

Druck und Biegung

Biegung und Verdrehung

Zusammenfassung einiger Festigkeitswerte

Beanspruchung $\frac{N}{mm^2}$		Stahl	Grauguß	Alu	Holz
Bruchfestigkeit $\frac{N}{mm^2}$		300 -700	280 -360	90 -120	250 -500
Zug	I	90–180	30– 35	10–12	15–18
	II	60–120	20– 23	6– 8	10–12
	III	30– 60	10– 12	3– 4	5– 6
Druck	I	90–180	90–100		7,5– 9
	II	60–120	60– 66		5 – 6
	III				
Flächenpressung	I	80–150	70– 80		10–13
	II	50–100	47– 53		7– 9
	III	25– 50	23– 27		4
Biegung	I	90–180	37– 48	15–20	10–13
	II	60–120	25– 32	10–13	7– 9
	III	30– 60	12– 16	5– 7	4
Abscherung	I	70–140	30– 35		
	II	50–100	20– 23		0,8– 1
	III	25– 50	10– 12		
Verdrehung	I	60–140	28– 36		
	II	40–100	18– 23		
	III	20– 50	9– 12		

I = Ruhende Belastung
II = Schwellende Belastung
III = Wechselnde Belastung

Die angegebenen Werte sind nur Richt- oder Vergleichswerte

Schlußbemerkung

Die aufgezeichneten Gesetze und Regeln stellen lediglich einen Ausschnitt aus dem großen Gebiet der Mechanik dar, die sich aber nicht auf diese Gesetze beschränkt.
Dieses Heft sollte auch nur den Teil der Mechanik aufzeigen, der mehr oder weniger **direkt** mit der Feuerwehrpraxis zusammenhängt.

Die exakten Zusamenhänge der Naturwissenschaften verbieten ein reines „Nur Lesen" im Stil einer Erbauungslektüre. Das Verstehen der Gesetzmäßigkeiten kann nur durch laufende **Anwendung** erworben werden, die durch technische Rechnungen ergänzt werden sollte.

Für den interessierten Leser:
Anwendungsbeispiele zu den einzelnen Kapiteln sind im Roten Heft Nr. 49 „Mechanik – Beispiele aus der Praxis" zusammengefaßt.

Notizen

Notizen

36 Hans-Peter Plattner
Ölalarm
3. Auflage, DM 15,–

37 Paul-Heinz Bohl
Brände in der Mineralölindustrie
2. Auflage, DM 10,80

38 O. Marnet
Brandbekämpfung und Hilfeleistungen auf Flughäfen
2. Auflage, DM 22,–

39 F. A. Schneider
Hochwassereinsätze
2. Auflage, DM 8,80

40 Georg Zimmermann
Tauchen, Wasser- und Eisrettung
2. Auflage, DM 14,80

41 Kurt Klingsohr
Brennbare Flüssigkeiten und Gase
5. Auflage, DM 10,80

42 Heinrich Schläfer
Feuerwehreinsatz bei Kraftfahrzeug-Unfällen
4. Auflage in Vorbereitung

44a Hans Schönherr
Pumpen in der Feuerwehr
Teil I: Einführung in die Hydromechanik
Wirkungsweise der Kreiselpumpen
3. Auflage, DM 12,80

44b Hans Schönherr
Pumpen in der Feuerwehr
Teil II: Feuerlösch-Kreiselpumpen, Aufbau – Betrieb – Störungen
2. Auflage, DM 8,–

45 Heinz-Otto Geisel
Feuerwehr-Sprechfunk
5. Auflage, DM 15,80

46 Ernst-August Meinert
Aufzüge, Fahrtreppen, Fahrsteige
2. Auflage, DM 12,80

47 Dieter Karlsch
Walter Jonas
Brandschutz in der Landwirtschaft
3. Auflage in Vorbereitung

48 Heinz Bartels
Wilhelm Stratmann
Feuerwehrschläuche
2. Auflage in Vorbereitung

49 Georg Zimmermann
Mechanik – Beispiele aus der Praxis
2. Auflage, DM 10,–

50 Wilfried Fingscheidt
Heinz-Otto Geisel
Feuerwehr-Meldeanlagen
2. Auflage, DM 14,80

51 Georg Zimmermann
Tiefbau- und Silo-Unfälle
2. Auflage, DM 9,80

52 Heinrich Schläfer
Stefan Ruhnau
Hochbau-Unfälle
2. Auflage in Vorbereitung

53 Kurt-Werner Seidel
Joachim Hahn
Horst Zacher
Begriffe, Kurzzeichen, Graphische Symbole des deutschen Feuerwehrwesens
2. Auflage, DM 13,–

54 Willi Döbbemann
Günter Jensen
Retten und Selbstretten aus Höhen und Tiefen
3. Auflage, DM 9,–

56 Manfred Gihl
Rettungsfahrzeuge
1. Auflage, DM 10,80

59 Frank Habermaier
Chemie
Grundwissen für den Feuerwehrmann
2. Auflage, DM 18,–

60 Klaus Schaffstädter
Schutzkleidung und Schutzgerät
1. Auflage in Vorbereitung

61 Axel Häger
Kfz-Marsch geschlossener Verbände
1. Auflage, DM 9,–

62 Siegfried Volz
Brandschutzerziehung in Schulen
1. Auflage, DM 13,80

Staffelpreise: Ab 25 Exemplaren gemischt 5 % Nachlaß, ab 50 Exemplaren 10 % Nachlaß, ab 100 Exemplaren 15 % Nachlaß. Nachlässe bei größeren Bestellungen bitte beim Verlag erfragen! Preis zur Zeit der Drucklegung. Änderungen vorbehalten.